图形化程序编写教程

胡国永　主编

哈尔滨工程大学出版社
Harbin Engineering University Press

图书在版编目(CIP)数据

图形化程序编写教程/胡国永主编. —哈尔滨:哈尔滨工程
大学出版社,2021.2
ISBN 978-7-5661-2951-2

Ⅰ.①图… Ⅱ.①胡… Ⅲ.①图形软件－程序设计
教材 Ⅳ.①TP391.412

中国版本图书馆 CIP 数据核字(2021)第 014482 号

责任编辑:张 彦
封面设计:李甲鸣

出版发行 哈尔滨工程大学出版社
社 址 哈尔滨市南岗区南通大街 145 号
邮政编码 150001
发行电话 0451-82519328
传 真 0451-82519699
经 销 新华书店
印 刷 河南承创印务有限公司
开 本 880 mm×1 230 mm 1/16
印 张 14
字 数 247 千字
版 次 2021 年 2 月第 1 版
印 次 2021 年 2 月第 1 次印刷
定 价 95.00 元

http://www.hrbeupress.com
E-mail:heupress@hrbeu.edu.cn

舟山绿城育华（国际）学校校本教材编写委员会

编 委 会 主 任：俞宏伟

编委会副主任：苏明杰　袁优红　陈佩芬

本册教材主编：胡国永

本册教材编委：沈姿杉　张玉营

图形化编程因其特有的积木拖拽式程序编写方式易于被人们理解和接受,因此成了面向青少年的非常流行的编程入门学习语言。

青少年学习编程,最核心的就是要学习程序设计过程中严谨的逻辑思维,这是青少年学习编程的宗旨,也是隐藏在编程学习中的灵魂。青少年通过编程课程学习,能够养成良好的提前规划的习惯,提高构建流程设计的能力,以及通过解决程序中的"拦路虎"问题开拓解决问题的思路。这些习惯和能力的养成不但对青少年学好基础学科知识起到促进作用,而且对青少年培养良好的生活习惯、提升自身综合技能意义重大。

无论是图形化编程,还是 C/C++/Java/Python 等代码编程语言,它们都是程序设计的物理依附。从本质上讲,各种编程工具没有区别,无非是界面友好度、程序复杂度、接口和功能丰富度的差异。对于青少年来说,图形化编程摆脱了代码编程对英语、编程语言规范的要求,容易入门,程序展现形式直观生动,能够让编写程序少受或不受编程工具本身的限制,因此是青少年学习编程的最佳选择。

说到编写这本教材的初衷,起源于自己最初接触图形化编程的时候,很想买一本系统全面地介绍图形化编程的指导书,既包含编程工具的详细介绍,又包含程序编写的基础知识;既适合学生学习,也适合老师教学。当时我翻看了很多国内外的书籍并且查找了一些多媒体资料,发现很多书籍都是偏实例教学而缺少知识总结和梳理,不能称得上系统和完善。但它们无论是在教学方法上还是程序创意上,非常好的点子很多,让我汲取到了很多有用的知识。然而由于资料比较零散,这些书籍不能满足系统性教学或学习需求。后来我想如果把这些零散的好的素材综合起来,删繁就简,并结合自己在教学实践中的经验写成一本书,不正是自己想要找的书籍吗? 于是我就有了编写这本书的想法。

全书分为以下四个部分:

1.认识图形化编程工具。主要从编程工具的介绍开始,让同学们熟悉程序编写工具,正所谓"工欲善其事,必先利其器",只有熟悉有哪些工具,这些工具分别包含什么功能,怎么使用,才能更快、更好地编写程序。

2.图形化编程:入门篇。从图形化编程工具应用的角度,分别介绍图形化编程工具能够实现的基础功能(比如动画、音乐、画图等)。大型而复杂的程序实质上都是由这些基本功能模块组成的。因此,理解并应用好这些基本的功能模块后,就能够通过排列组合编写出更加复杂、更加生动的程序了。

3.图形化编程:进阶篇。主要介绍通用的程序编写知识(比如程序结构、数据存储、函数和模块化、算法等)。这些知识才是不依赖于编程工具而独立存在的程序编写的灵魂。我们在图形化编程中理解了这些知识,有助于以后更好、更快地进入 Python、C 语言等代码编码的学习。

4.综合编程实例。选取动画制作、互动游戏、数学运算、演示模拟等典型场景,给出较复杂的综合类程序编写案例,让同学们学习较复杂程序编写流程,提升程序编写能力。

这是一本适合青少年学习图形化编程的教材。它用简单的实例介绍了常用图形化编程软件中每个功能的作用及使用方法,列举了图形化编程工具能够实现的程序案例。

这是一本适合信息技术教师的教学参考书。它整理了图形化编程工具的积木功能介绍,知识重点和难点,并加入了在编程中可能会遇到的问题和解决办法。

这是一本适合青少年编程等级考试应试者的参考书。本书紧扣考试大纲,覆盖全面、内容丰富,力求系统全面地介绍青少年图形化编程考试大纲内的所有知识点,便于学生查阅。

因作者水平和能力有限,书中难免有错误或不足之处,望广大读者批评指正!

胡国永

2020 年 1 月

目 录 CONTENTS

第一部分

认识图形化编程工具

第一章
走进图形化编程

想一想,为什么用电视遥控器可以控制电视开关和播放不同的电视节目(图1-1)?为什么电梯能够自如地接送人们上下楼(图1-2)?其实这些都是程序在起作用。这些程序分别隐藏在电视机和遥控器、电梯和控制台、电灯开关里。它们就像每天指挥交通保证人们有序出行的警察一样,分别指挥着电视、电梯、电灯正常工作。

图1-1　　　　　　　　　　　　　图1-2

为了让它们能够理解人类的意图,人类就必须将需要解决的问题的思路、方法和手段通过它们能够理解的形式传达,使它们能够根据人的指令一步一步去工作,完成某种特定的任务。这种人和计算机等电子设备之间交流的过程就是编写程序,简称编程。

随着科学技术的进步,人们编写的程序不仅能够存储在计算机中,还可以存储在具有计算功能的可编程集成电路板上,将这些集成电路板嵌入到电视、手机、汽车等设备中,就可以实现对这些设备的控制。

一、编程工具

要实现人和计算机之间的交流,就需要一种用于传递信息的工具,使人和计算机等电子设备都能"读懂"。具体地说,一方面,人们要使用电子设备能读懂的语言指挥它们完成某种操作,就必须对这种工作进行描述。另一方面,计算机等电子设备必须按人们的语言描述来行动,从而完成其描述的特定工作。

传递信息的工具就是编程语言。编程语言是编写程序最重要的工具,它是指计算机等能够接受和处理的、具有一定语法规则的语言。编程语言最早应用于计算机,后来逐步应用到所有具备计算功能的计算系统。

从计算机诞生至今,计算机语言经历了机器语言、汇编语言和高级语言几个阶段。下面我们简单了解一下计算机语言的发展,同学们在学习的时候也可以直接忽略本节内容,进入下一节内容的学习。

1. 机器语言

机器语言是用二进制代码表示的、计算机能直接识别和执行的一种机器指令的集合,它是计算机的设计者通过计算机的硬件结构赋予计算机的操作功能。机器语言是第一代计算机语言。

用机器语言编写程序,编程人员首先要熟记所用计算机的全部指令代码和代码的含义。编写程序时,程序员要自己处理每条指令及每一数据的存储分配、输入输出,还要记住编程过程中每步所使用的工作单元处在何种状态,这是一件十分烦琐的工作。而且编出的程序全是二进制的指令代码,直观性差又容易出错,并且修改起来也比较困难。此外,不同型号的计算机的机器语言是不相通的,按一种计算机的机器指令编制的程序不能在另一种计算机上执行,所以在一台计算机上执行的程序要想在另外一台计算机上执行,必须重新编写程序,从而造成重复工作。但由于机器语言计算机可以直接识别而不需要进行任何翻译,其运算效率是所有语言中最高的。

2. 汇编语言

为了解决使用机器语言编写应用程序所带来的一系列问题,人们首先想到使用助记符号来代替不容易记忆的机器指令。这种用助记符号来表示计算机指令的语言称为符号语言,也称汇编语言。在汇编语言中,每一条用符号来表示的汇编指令与计算机机器指令一一对应,记忆难度大大减少,不仅易于检查和修改程序错误,而且指令、数据的存放位置可以由计算机自动分配。用汇编语言编写的程序称为源程序,计算机不能直接识别和处理源程序,必须通过某种方法将它翻译成计算机能够理解并执行的机器语言,执行这个翻译工作的程序称为汇编程序。

汇编语言像机器指令一样,是硬件操作的控制信息,因而仍然是面向机器的语言,使用起来还是比较烦琐费时,通用性也差。汇编语言是低级语言。

3. 高级语言

不论是机器语言还是汇编语言,都是面向硬件的具体操作的。由于语言对机器的过分依赖,因此要求使用者必须对硬件结构及其工作原理都十分熟悉,这对于非计算机专业人员是难以做到的,对于计算机的推广应用是不利的。计算机事业的发展,促使人们去寻求一些与人类自然语言接近且能为计算机所接受的语意确定、规则明确、自然直观和通用易学的计算机语言。这种与自然语言相近并为计算机所接受和执行的计算机语言称为高级语言。高级语言是面向用户的语言。无论何种机型的计算机,只要配备上相应的高级语言的编译或解释程序,则用该高级语言编写的程序就可以通用。

高级语言按照一定的语法规则,由表达各种意义的运算对象和运算方法构成。使用高级语言编写程序的优点是:编程相对简单、直观、易理解、不容易出错。高级语言是独立于计算机的,因而用高级语言编写的计算机程序通用性好,具有较好的移植性。用高级语言编写的程序称为源程序,计算机系统不能直接理解和执行,必须通过一个语言处理系统将其转换为计算机系统能够认识、理解的目标程序才能被计算机系统执行。

图 1-3 从左到右分别是 C 语言源码、中间汇编源码和目标机器语言代码(图片出处:http://www.jianshu.com/p/c60a9c2131c3)。

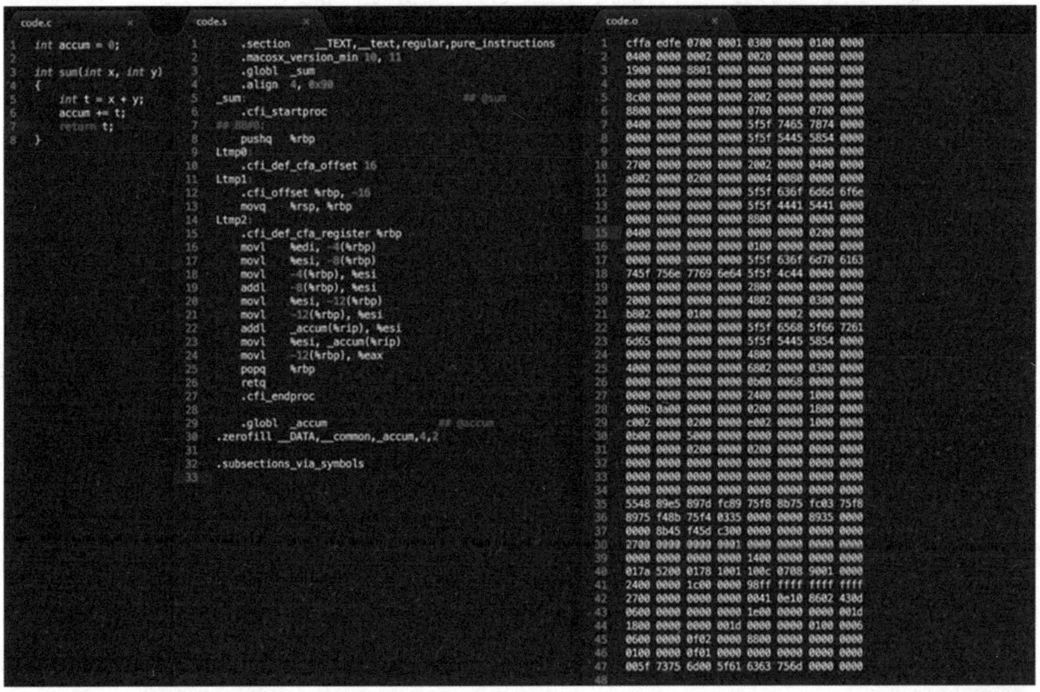

图 1-3

但是,借助高级语言编写程序需要有一定的英语基础。程序是由若干行字符代码组成的,对于非计算机专业的人来说使用起来有一定难度,尤其是对于刚刚接触编程的青少年来说,想很快地入门并开始编写程序是比较困难的。

那么有没有一种适合青少年或者非专业编程学习者的编程工具呢? 当然有,那就是图形化编程工具。

二、图形化编程

图形化编程的起源可以追溯到 1967 年名为 LOGO 的编程语言,这也是全球第一款针对儿童教学使用的编程语言。

与当时其他的计算机语言不同,LOGO 最主要的功能是绘图。进入 LOGO 界面,光标将被一只小海龟取代。

输入"FD 100"(向前 100)、"RT 90"(右转 90 度)这样易于儿童理解的语言和指令后,小海龟将在画面上走动,画出特定的几何图形(图 1-4)。

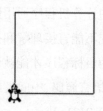

图 1-4

LOGO 语言虽然看起来简单,但其背后的知识是人工智能、数学逻辑及发展心理学等学科的结合。简单的指令组合之后可以创造出非常多的东西。

后来在继承 LOGO 的基础上,开发者们从可操作性、意义性和社交性三个方面进行改良,设计出 Scratch 编程平台。Scratch 的名字来源于 DJ 打碟时摆弄碟片的情景:来回调试唱片,用充满创意的方式把不同的音乐片段混合到一起。在 Scratch 编程环境中,用户也会像 DJ 那样把图片、动画、照片、音乐、声音等媒体形态拼搭在程序里。

编写程序时,用户只需要像拼接积木一样把程序语句堆在一起就行了。只有语句在语法上符合规定时,积木的接口才能对接上。Scratch 这种使用积木接口的形状作为拼接指引的设计,借鉴于积木玩具。而 Scratch 所有的语法几乎都借鉴了 LOGO 语言的语法。

时至今日,已经有越来越多的类似 Scratch 的图形化编程工具在学校、家庭及科学、地理、历史、艺术上广泛使用。它们将一条条字符命令变成图形,将这些代表程序的图形块如同搭积木一样,透过拖拽搭建便可以实现一个完整的功能。只要逻辑正确,即使是没有接触过编程的学习者也很快就能编写出图形化小游戏、小动画或者控制机器人运动的程序。如图 1-5 就是利用国产编程软件 Kitten 工具编写的让物体飞向舞台边缘的程序,你是不是也迫不及待想一展身手了呢?

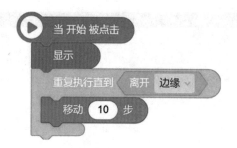

图 1-5

别着急,我们先看看当前常用的图形化编程工具有哪些。

1. Scratch

Scratch(图 1-6)是一款由麻省理工学院(Massachusetts Institute of Technology,MIT)设计开发的少儿编程工具。它作为图形化编程的先行者,带动了图形化编程工具的兴起和发展。学习者通过 Scratch 编程工具,可以很方便地制作动画、游戏等。

图 1-6

它还支持 Makey Makey、micro:bit、LEGO MINDSTORMS EV3、LEGO Education Wedo 2.0 等硬件编程。

2. Mind +

Mind +(图 1-7)是一款国产的基于 Scratch 开发的青少年编程软件,只需要拖动图形化程序块即可完成编程,还可以使用 Python/C/C + +等高级编程语言。它支持 Arduino、micro:bit 等各种开源硬件。

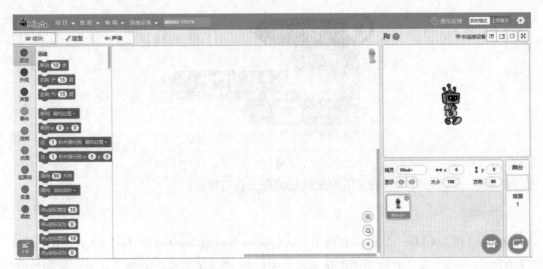

图 1-7

3. mDesigner

mDesigner（图 1-8）是基于 Scratch 开发的图形化编程软件，延续了 Scratch 操作简单、所编即所见的设计理念，并增加 Arduino、Python 代码编程、AI（人工智能）和 IoT（物联网）等功能，用户通过拖拽代码块的操作方式，可以轻松控制自己的智能硬件，创作生动有趣的创意作品。

图 1-8

4. Kitten 源码编辑器

Kitten 源码编辑器（图 1-9）是一款国内开发的图形化编程软件，它除了常见的图形化编程模块之外，还添加了人工智能、物理引擎等多种新功能，工具自带素材库有趣多样，方便学习者构建一个充满故事和真实感的源码世界。

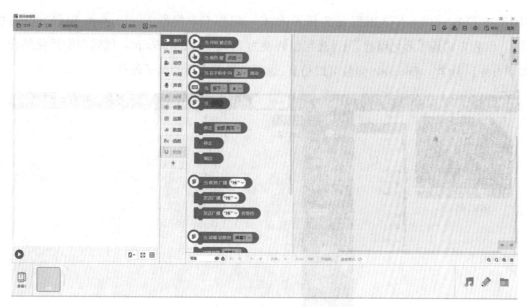

图 1-9

5. 海龟编辑器

海龟编辑器(图 1-10)是面向 Python 初学者的图形化 Python IDE。用户可以通过"搭积木"的方式学习 Python 的语法、算法和数据结构。海龟编辑器支持 Python 代码和图形化积木的双向互相转译,支持一键安装 Python 第三方库,同时还支持以 micro:bit 为主的开源硬件 Python 编程。

图 1-10

6. Makecode

Makecode(图 1-11)是美国微软做的图形化编程软件。其主要有以下应用,即 micro:bit、Circuit Playground Express、Chibi Chip 编程开源硬件、Arcade 编程小游戏机、LEGO © MIND-

STORMS © Education EV3 编程 EV3 机器人、Cue 编程 Cue 机器人、Minecraft 编程"我的世界"。编程方式是图形化编程,另外还可以转换为 Python 或 JavaScript。代码与图形化结合,非常方便且易学。Makecode 编程可以仿真,也可以编程实际的电子硬件。

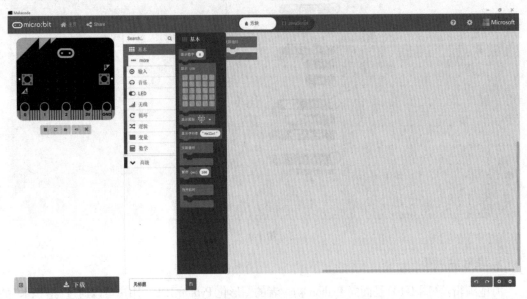

图 1-11

另外,除了上面列出的这几种,还有其他很多种图形化编程工具,在此就不一一列举了。

虽然图形化编程工具五花八门,但是它们的使用方法都是大同小异。这样我们在学习中容易做到触类旁通,熟悉了一种图形化编程工具后,再使用其他的编程工具也能快速上手了。

接下来的学习中,我们不会讲到所有的编程工具,而是侧重讲解 Scratch、Kitten 这两款最典型的、最普遍使用的图形化编程工具。同学们通过对这两款编程工具的学习,能够对图形化编程做到熟悉和掌握。此外,同学们在学习中也要注意这两种编程工具在某些地方的差别。

第二章
Scratch 编程工具介绍

Scratch 是由麻省理工学院的媒体实验室终生幼儿园团队设计并制作,是专门为青少年研制的一种可视化编程语言。编写 Scratch 代码,实际上就是将多个积木(也叫作指令、命令、功能块)组合在一起,组成代码,实现想要达成的目标。在软件开发领域,指令、脚本、代码和程序实际上是有区别的,本书暂时不区分这些概念,先把它们理解成我们编写出来的程序。

拓展知识

指令、脚本、代码和程序的概念如下。

指令是指让计算机等具备计算功能的设备工作的指示和命令。在我们的图形化程序编写中，可以理解为具备不同功能的积木块。每一个积木块都可以看作一条指令。

脚本通常指那些"不完整的"或者"受限制的"计算机语言，这些语言通常用来把一些不同的应用"黏合"到一起，或者只是写起来快速并且随意、能让某些实际中的任务自动化运行的简单的计算机语言。典型的例子有 JavaScript、ActionScript 和 Shell 脚本。

而代码的覆盖范围则比较广泛，代码的作用往往取决于程序员的设计目的，它可能不单某条指令，也可能是指许多指令的按序结合体。

程序则是精心编写的很多代码的集合，用来完成系统的复杂的任务。而代码可以看作程序的片段。

Scratch 软件版本不同，软件界面也不太一样。Scratch 3.0 版本的界面就和 2.0 版本的界面差别较大。下面介绍 Scratch 3.0 软件打开后的界面。

由于国内教材对于不同模块的称呼有一些差异，像角色、舞台、积木、脚本等名字其实是由英文翻译过来的。为了便于理解界面中每个元素的本来含义，下面以英文界面为例子介绍 Scratch 3.0 的界面布局，并同时把各个功能模块的英文名字和中文翻译也给出来，供大家参考（图 1-12）。

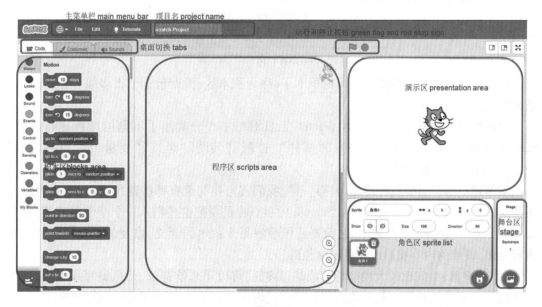

图 1-12

（1）主菜单栏：顶部是主菜单栏，包括"设置语言""文件""编辑""教程""加入 Scratch"和"登录"等菜单和功能选项。其中"文件"菜单包含图 1-13 中的三个子菜单。

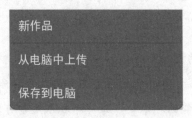

图 1-13

新作品：重新编写一个新的程序。

从电脑中上传：从电脑中打开一个已经保存过的程序。

保存到电脑：将当前正在编写的程序保存到电脑上。

⚠ 注意

Scratch 3.0 离线编辑器打开文件的方式很不友好，直接双击文件名是不能打开 Scratch 文件的。打开文件的方法是先打开 Scratch 3.0 编辑器，再在菜单里选择"从电脑中上传"，选择想要打开的文件，点击"打开"。

（2）操控区（桌面切换区）：最左边的一列是操控区，由代码、造型、声音三个标签页组成，分别用来为角色添加代码、造型和声音，也可以设置和操作舞台背景。对代码、角色、背景、声音等的主要操控都是在这里完成的。当鼠标选中角色区的某个角色时，标签显示如图 1-14 所示。

图 1-14

当选中舞台时，标签显示如图 1-15 所示。

图 1-15

代码标签内就是可以使用的编程积木了，称为积木区，里面包含了很多编程积木，每一条都代表了一个指令。

根据指令的种类有很多分类，Scratch 工具对每一个分类用了不同的颜色进行区分。Scratch 提供了"运动""外观""声音""事件""控制""侦测""运算""变量"和"自制积木"9 个大块、100 多个积木供我们使用。

就像建造房子需要各种砖瓦、大梁一样，我们首先要知道有哪些建筑材料，才能想出能不能及怎么建造出房子。我们学习 Scratch 的重点也是要把这些积木一个个学习清楚，首先要知道 Scratch 提供了哪些积木，之后要具体理解每个积木的含义，以及怎么使用。这部分内容较多，详细的内容我们放在后面单独讲。

（3）程序区：中间比较大的空白区域是程序区，可以用来给背景、角色编写积木代码，积木区的 9 个大类、100 多个积木都可以拖放到代码区进行编程，就是我们编写的程序。

（4）演示区：右上方为演示区，这里呈现程序的执行效果，也就是编的东西会在这个区域显示出来。

（5）其他按钮：绿色旗帜按钮是程序运行启动按钮，点击它开始执行程序。

红色按钮是停止按钮,点击它可以停止程序运行。

绿色按钮和红色按钮如图 1-16 所示。

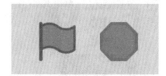

图 1-16

在舞台区域的右上角是全屏按钮(图 1-17),点击它,舞台会扩展为全屏。在全屏模式下,舞台区的右上角会出现按钮,点击它可以退出全屏模式。

图 1-17

接下来,我们来看一下 Scratch 中怎么设置造型和背景,以及提供了哪些积木供编程使用。

一、Scratch 中角色和造型设置

在开始图形化编程工作之前,需要先准备好舞台和角色。角色就是你想通过编程操作的对象,可以是人、动物、植物或者任何一个物品,可以只有一个,也可以有无数个。

1. Scratch 的角色区

Scratch 3.0 编程界面的右下方是角色列表区(图 1-18),这里会列出所用到的角色的缩略图。想给哪个角色编程,就先用鼠标选中哪个角色。

图 1-18

选中某个角色,然后在"造型"标签页可以查看该角色拥有的造型(Costume)(图 1-19)。对于造型,我们可以理解成类似人穿的不同款式或颜色的衣服。角色可以对应多个造型,就像人可以拥有多套衣服。它在制作动画程序方面将起到很大的作用。

图 1-19

2. Scratch 中角色和造型设置

Scratch 3.0 项目编辑器界面的右下方是舞台背景和角色区,可以点击演示区右上方的两个图标更改角色区和舞台区的布局样式,左、右两个图标分别对应缩略布局和默认布局(图 1-20)。

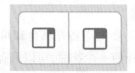

图 1-20

在编辑器默认的布局中,演示区占有较大的面积。可以点击图 1-20 的两个按钮,使用缩略布局样式,改变演示区和角色列表区的布局,从而使得程序区占据更大的操作空间,以便于编程。用户可以根据自己的具体需求,通过这两个按钮,对编辑器的布局进行调整。如果需要对角色做详细设置,需要选择默认布局。

(1)角色设置:在舞台背景和角色区的左下方就是角色列表区,显示了程序中的不同的角色。最上方是信息区,当选中角色的时候,该区域会显示所选中的角色的名称、坐标、显示或隐藏、大小、方向等信息(图 1-21)。

图 1-21

点击空白输入框,可以分别修改角色的名称、坐标、大小、方向。点击◉图标可以让角色在舞台上显示,点击⊘图标则可以将角色在舞台上隐藏。点击角色右上方的🗑图标可以删除角色。

在角色上点击鼠标右键,在弹出的菜单中也可以删除角色。另外菜单中还有两个选项,点击"复制"则会出现另外一个同样的角色。如图1-22所示,点击复制后角色区出现了两个同样的角色,新复制的角色被自动命名。

图1-22

点击"导出"则会出现一个对话框,可以把角色保存到电脑上,方便再次导入使用。

角色区域有一个非常醒目的动态弹出式按钮,直接单击该按钮,可以从角色库中选择需要的角色。如果只是把鼠标光标放在该按钮上,则会弹出4个新的菜单式的角色按钮,分别代表4种不同的新增角色的方式,如图1-23所示。

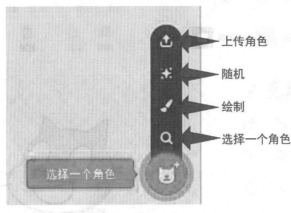

图1-23

这四个按钮的作用分别如下。

①上传角色:单击该按钮,可以将素材从本地作为角色导入到项目中。

②随机:单击该按钮,将会随机导入一个角色。当你创意枯竭的时候,不妨通过点击这个按钮获得一点启发。这个功能和Google的"运气不错"很像。

③绘制:单击该按钮,将会在操控区的"造型"标签页下,打开内置的绘图编辑器,自行绘制角色造型。点击后会打开绘图编辑器,可以自行绘制背景。

④选择一个角色:点击该按钮后,会出现很多个角色可供选择。可以点击最上方分类按钮,按照类别查找角色。比如点击"动物",就可以筛选出所有动物类的角色(图1-24)。

图1-24

也可以在输入框内输入角色的名称,如图 1-25 是输入"dog"后查找到的角色。

图 1-25

(2)造型设置:在"造型"标签页可以编辑该角色用到的所有造型。我们可以修改每个造型的名字,也可以编辑造型(图 1-26)。

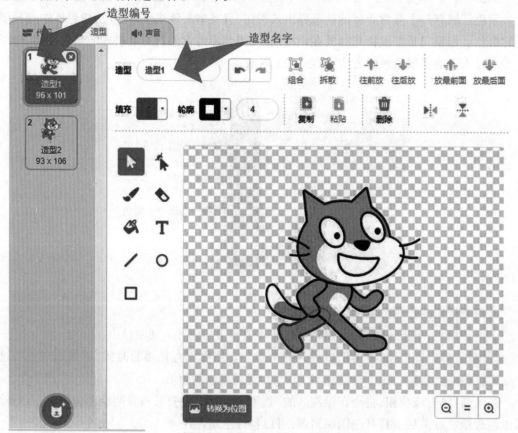

图 1-26

注意每个造型都有自己的编号,我们可以用造型的名字来代表造型,也可以用造型的编号来代表造型。在造型设置好了之后,图 1-27 中的这两个都是常量,可以参与运算。

图 1-27

设置角色类似,也有选择一个造型、上传造型、随机、绘制及特有的摄像头拍照5种方式来设置造型(图1-28)。这里就不再重复介绍了。

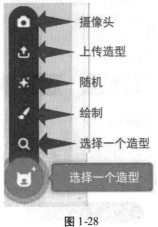

图 1-28

⚠️ **注意**

需要注意的是,进入造型区的角色库中添加的新造型和在角色区添加的新角色是不一样的。造型区添加的新造型是指一个角色的不同造型切换,这个造型可以是同一个角色的不同形态,也可以是不同角色的不同形态。而在角色编辑区添加的新角色是属于不同角色的。

Scratch 3.0 提供了常见的编辑角色造型的工具,虽然没有专业的图形绘制和编辑工具的功能多,但是对于简单的图形编辑已经够用了。下面简单介绍一下在矢量图编辑模式下各个图标的作用,如表1-1所示。

表 1-1

造型 造型1	修改造型的名字
↰ ↱	分别是:返回到前一步的操作;跳转到后一步的操作
组合　拆散	分别是:将选中区域组合成一个整体,或拆散成独立的图形
↑ ↓ ⇑ ⇟ 往前放 往后放 放最前面 放最后面	分别是:将选中的图形往前移动一层,往后移动一层,移动到最前面,移动到最后面

（续表）

填充　　**轮廓**　　　　0	分别是：设置选择的图形的填充；设置选择的图形的轮廓颜色；设置轮廓的宽度。 点击后出现以下窗口： 颜色　50 饱和度　100 亮度　100 拖动圆形调节按钮可以设置颜色、饱和度、亮度，从而呈现不同的颜色。 点击／表示不填充/没有轮廓。 点击🖊表示选取屏幕上的指定颜色
复制　　**粘贴**　　　**删除**	分别是：复制、粘贴、删除选中部分的图形
▶◀　　　　　⊻	分别是：将图形左右、上下镜像翻转
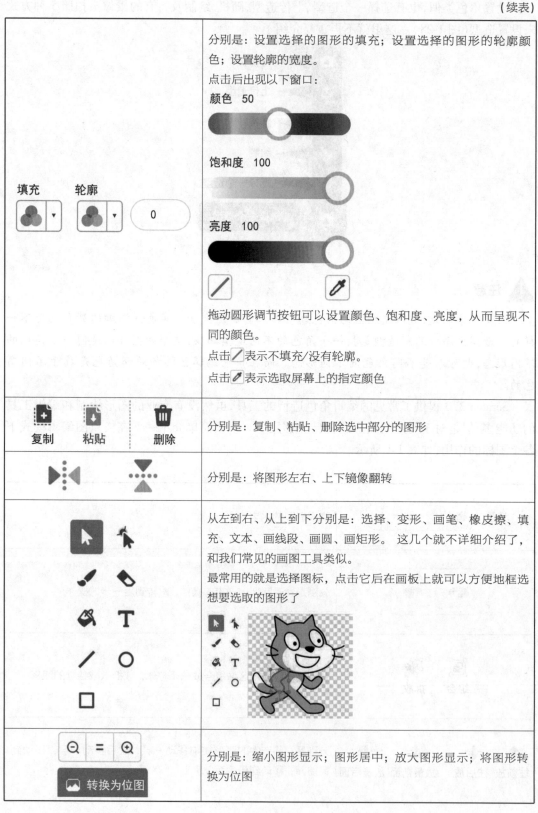	从左到右、从上到下分别是：选择、变形、画笔、橡皮擦、填充、文本、画线段、画圆、画矩形。 这几个就不详细介绍了，和我们常见的画图工具类似。 最常用的就是选择图标，点击它后在画板上就可以方便地框选想要选取的图形了
⊖　＝　⊕ 🖼 转换为位图	分别是：缩小图形显示；图形居中；放大图形显示；将图形转换为位图

3. Scratch 中角色的中心点

角色拥有一个或多个造型,而造型一般都是使用图片作为角色,一张图片以哪个点为参照点来确定位置坐标呢? 其实这个参照点可以查看,也可以人为修改。

Scratch 中一个角色对应一个或多个造型,每个造型都有自己的中心点。

(1)查看造型的中心点:如果想查看图片坐标参照点,可以点击"选择"按钮,选中角色全部,然后移动角色,就可以找到造型的中心点标志了(图1-29)。

图 1-29

(2)修改造型的中心点:例如想将角色的猫耳朵设置为小猫的造型中心,先点击"选择"按钮选中角色猫,然后将小猫的耳朵移动到造型中心标志处,如图1-30 所示。

图 1-30

4. Scratch 中角色的方向

同学们都知道生活中用东、西、南、北来表示方向,比如太阳从东方升起、冬天要刮西北风、浙江位于中国东南沿海。

那么图形化编程软件中,又是怎么表示方向的呢?

在 Scratch 中,规定正上方为 0 度,正下方为 180 度,正左方为 −90 度,正右方为 90 度(图 1-31)。

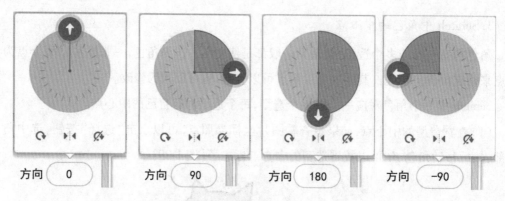

图 1-31

从正上方开始,如果沿顺时针旋转,度数为正数。

例如,顺时针旋转,正上方为 0 度,正右方为 90 度,正下方为 180 度,正左方为 270 度,再次回到正上方为 360 度。

从正上方开始,如果沿逆时针旋转,度数为负数。

例如,逆时针旋转,正上方为 0 度,正左方为 -90 度,正下方为 -180 度,正右方为 -270 度,再次回到正上方为 -360 度。

因此,要选取正下方左右各 45 度的范围,可以用[135,225],也可以用[-135, -225]。同学们如果搞不清楚角度,可以在角色区域修改一下角色的方向值,观察一下角色的朝向。如果是自己想要的,那么设置成这个角度就对了。

调整角色的"方向"时,可以在角色的下方设置·的地方直接填数字,也可以直接操作方向指针来指向你想要的方向(图 1-32)。这适合于即时查看程序执行的效果。

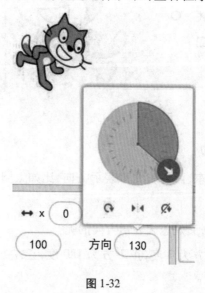

图 1-32

如果程序运行时需要改变角色的方向，就需要使用"运动"积木里面的

积木进行设置，这样程序运行到这条指令时，就会执行这条指令设置角色的方向。

 注意

角色的"方向"和角色的"朝向"（图片中角色看起来是实际面对的方向）的概念不要搞混淆。如 Scratch 系统自带角色"Cat"朝向是 90 度（正右边），此时角色的"方向"值是 90 度（图 1-33）。而系统自带角色"Rocketship"朝向是 0 度（正上方），面向舞台上方，此时角色的方向是 90 度（图 1-34）。

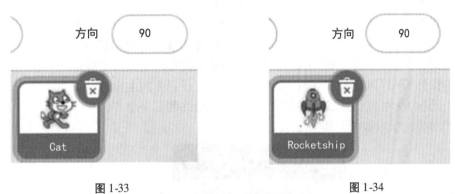

图 1-33   图 1-34

现在我们再看一下角色"面向"。我们让角色"Rocketship"执行如图 1-35 所示的积木指令。

图 1-35

实际执行效果如下。

当角色"Cat"朝向 90 度方向且在当前角色右方时（图 1-36）：

图 1-36

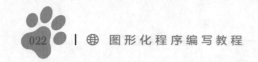

当角色"Cat"朝向90度方向且在当前角色上方时（图1-37）：

图 1-37

也就是说，当前角色面向另外一个角色时，是当前角色的90度方向面向另外一个角色。在操作方向指针的界面，可以看到下面三个图标对应的角色的旋转方式。

点击图标 ▶◀ 可以设置成"左右翻转"，让角色只能在水平方向上旋转。

点击图标 ↻ 可以设置成"任意旋转"，让角色在任意方向上旋转。

点击图标 ✖ 可以设置成"不可旋转"，让角色始终朝着一个方向。

它们对应的积木如图1-38所示。

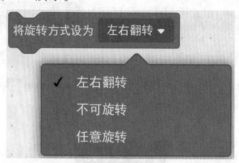

图 1-38

这个指令在处理一些角色呈现效果时非常必要。

比如一个动物角色在碰到边缘时我们想要它回来，就需要用到"碰到边缘就反弹"这个积木，如果不设置角色的翻转方式为"左右翻转"，则角色在反弹的时候就会头朝下。

而我们在处理球类等角色反弹的时候，则又必须将旋转方式设置成"任意旋转"，从而让角色的运动符合客观物理规律。

二、Scratch 舞台背景设置

在图形化编程工具里面，所有程序的执行结果都在"舞台区"呈现。一个精美的游戏或者动画作品应该设置好对应的舞台背景，这样会让整个作品看起来更加美观。

图形化编程工具一般都提供了多种设置舞台背景的方法和丰富多彩的舞台背景库，接下来我们具体了解一下舞台背景及它的设置方法。

1. Scratch 的舞台背景大小

Scratch 的舞台背景是一个演示区域，在 Scratch 3.0 界面里位于右上角的演示区域可以看到当前设置的舞台背景效果(图1-39)。

图1-39

舞台区上角色的位置使用坐标来表示。坐标就是位置。我们在班级里的座位位置可以用排、列两个数字表示,我们称为数对。我们经常听说的地球的"经纬度"是一种坐标,通过坐标可以定位一个物体在地球上的位置。你知道杭州的坐标吗? 答案是:北纬30度、东经120度。

Scratch 里一个角色的坐标就代表该角色在舞台的位置。在一个平面舞台里,要确定一个角色位置需要两个坐标:它在水平(左右)方向的位置和垂直(上下)方向的位置,分别用 x 坐标和 y 坐标表示。

x 坐标标明角色在舞台上左右的位置,y 坐标标明角色在舞台上上下的位置(图1-40)。

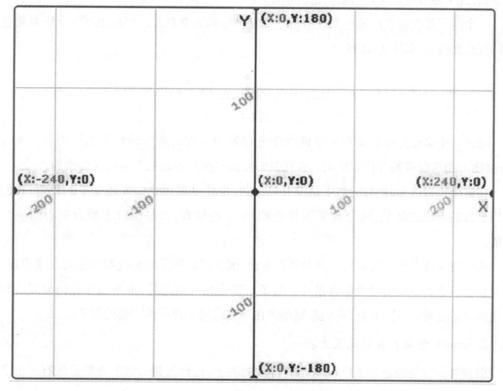

图1-40

Scratch 规定舞台正中心的点的坐标是 x = 0, y = 0。中心点向右的 x 坐标是正数;中心点向左的 x 坐标是负数;中心点向上的 y 坐标是正数;中心点向下的 y 坐标是负数。

所以舞台的最右上角的坐标是 x = 240, y = 180;最左上角的坐标是 x = -240, y = 180;最右下角的坐标是 x = 240, y = -180;最左上角的坐标是 x = -240, y = -180。

也就是说,x 坐标最小值位于舞台最左端,为 -240;最大值位于舞台最右端,为 240。

y 坐标最小值位于舞台最下端,为 -180;最大值位于舞台最上端,为 180。

角色如果向左移动,x 坐标值会减小,向右移动 x 坐标值则会增大。

角色如果向下移动,y 坐标值会减小,向上移动 y 坐标值则会增大。

角色如果向左上移动,x 坐标值会减小,y 坐标值则会增大。

角色如果向右上移动,x 坐标值会增大,y 坐标值则会增大。

角色如果向左下移动,x 坐标值会减小,y 坐标值则会减小。

角色如果向右下移动,x 坐标值会增大,y 坐标值则会减小。

Scratch 软件在背景库中提供了一个舞台坐标系的背景图片,所以可以先添加一下这个背景图片,再去查看舞台坐标的规律。

操作方法:给舞台添加坐标背景图片"Xy – grid"。

随机添加一个角色到舞台上,角色在移动的过程中,软件会自动检测和更新角色的坐标位置,有几个地方可以查看当前角色的坐标。

一个途径是在角色区域里面显示角色位置坐标的地方查看。坐标值 x/y 会随着角色位置的变化而变化,如图 1-41 所示。

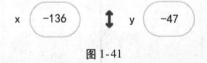

图 1-41

另外一个途径是在运动积木里面和角色位置坐标有关的运动积木里面查看。坐标值 x/y 会随着角色位置的变化而变化。这在我们后面在使用运动积木的时候会学到。

在这个舞台区上,所有的数字是没有单位的,也就是说无论是 x 还是 y 的数值,我们不能用日常的单位去衡量,这个数字不是毫米,也不是像素,而是相对于舞台中心的一个对比值。

我们要对舞台区坐标的大概位置要有概念,因为以后所有的角色都将在舞台区出现,那么对角色位置的精确安排就非常重要。心里对舞台区有概念后,未来制作任何游戏、动画,设定角色的位置、大小、方向,我们心里都能在第一时间出现画面完整的样子。

2. Scratch 中舞台背景设置方法

设置舞台背景的地方在 Scratch 软件界面的右下方,称为舞台区。在舞台区有一个非常醒目的动态弹出式按钮,如图 1-42 所示。

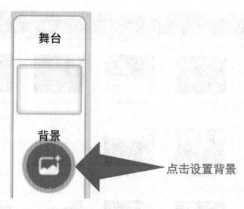

图 1-42

将鼠标放置在按钮上则会自动弹出 4 个菜单式按钮选项,分别代表 4 种不同的设置舞台背景的方式,如图 1-43 所示。

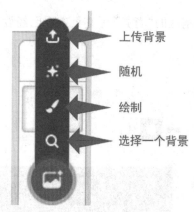

图 1-43

这 4 个按钮的作用分别如下。

(1)上传背景:单击该按钮,可以将素材从本地作为背景导入到项目中。

(2)随机:单击该按钮,将会随机导入一个背景。

(3)绘制:单击该按钮,将会在操控区的"背景"标签页下,打开内置的绘图编辑器,自行绘制背景。

(4)选择一个背景:点击该按钮后,会出现多个背景可供选择。可以点击最上方的分类按钮,按照类别查找背景。如图 1-44 是点击该选项后的界面,系统自带了奇幻、音乐、运动等多种类型的背景图片可供选择。

图 1-44

背景设置好后，可以在控制区的"背景"标签页查看已经设置好的背景（图 1-45）。

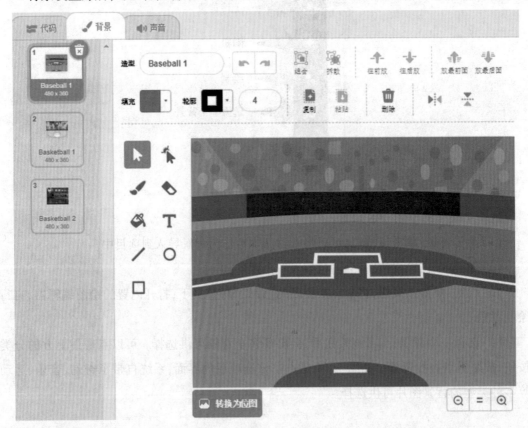

图 1-45

注意看，每个背景图片都有自己的名字，这个名字是在导入的时候就设定好了的。同时，这些背景都有自己的序列号，由上至下从 1 号开始。

对于不要的背景，我们可以右键点击背景，然后从弹出的菜单中选择删除，或是点击背

景图片右上角的 图标。

　　鼠标左键按住背景图片拖住可以上下移动排列顺序,可以根据图片的背景编号。

　　需要注意的是,选中舞台背景时,左边的积木区域会提示"不可使用运动类积木",也就是说没有办法让舞台背景移动(图1-46)。但是其他积木还是可以使用的,也就是说可以对舞台编写程序。

图1-46

　　可以把舞台背景也看作角色,我们一样可以对舞台背景进行编程,只不过舞台背景编程的功能要少一些。

　　有些代码是整个程序运行时都需要用到的,或者代码和角色的相关性比较小,就可以放在舞台背景里进行编写。比如给程序添加背景音乐、程序场景的设计和切换。

⚠ 注意

　　在 Scratch 中,如果想让舞台背景移动怎么办呢?把舞台背景设成角色。把舞台背景图片拷贝到角色区域,背景图片也就成了角色。

　　其实背景和角色在本质上没有区别,都是由图片构成的,只是被给予了不同的属性。舞台背景是用来渲染程序场景的,所以一般来说不需要像角色那样移动,但有时却需要切换背景图片,或者对背景图片做一些渲染。

　　接下来,我们来看看作为图形化编程,Scratch 工具提供了哪些编程积木指令供我们使用。

三、运动类积木

运动类积木的作用是让角色做出移动、旋转等运动。积木名称及功能说明如表 1-2 所示。

表 1-2

积木名称	功能说明
移动 10 步	让角色移动一段距离。这个角色将会从当前位置开始移动。想要移动多长距离，就在方框中输入相应数值。如果输入的是负值（例如 -10），那么角色就会向相反的方向移动
右转 ↻ 15 度	让角色向右旋转，在方框中输入想要角色旋转的角度度数。如果输入负值，角色会向相反的方向运动
左转 ↺ 15 度	让角色向左旋转，在方框中输入想要角色旋转的角度度数。如果输入负值，角色会向相反的方向运动
移到 随机位置▼	将角色移动到随机位置或者鼠标指针的位置。通过下拉菜单，可以选择[随机位置]或[鼠标指针]
移到x: 0 y: 0	指定角色要显示的坐标位置，可以分别在 x 和 y 后面输入数值，让角色显示在对应的坐标位置上
在 1 秒内滑行到 随机位置▼	让角色在指定时间内滑动到随机位置或者鼠标指针的位置。通过下拉菜单，可以选择[随机位置]或[鼠标指针]。改变滑动的秒数，可以调整角色在舞台上的滑动速度
在 1 秒内滑行到x: 0 y: 0	让角色在指定时间内滑动到指定的 x 坐标和 y 坐标位置。角色从一点开始，滑向另外一点。改变滑动秒数，可以调整角色在舞台上的滑动速度
面向 90 方向	设置当前角色面朝的方向。点击数字，会出现一个圆形手柄，可任意调整角度来表示方向。通过角色列表区的方向，可以查看角色当前的方向

（续表）

积木名称	功能说明
面向 鼠标指针▼	让角色始终面朝[鼠标指针]或其他角色。 这个积木可以改变当前角色的方向，可以从下拉菜单中选择，下拉菜单包含了项目中其他的角色
将x坐标增加 10	改变角色位置的 x 坐标值，如果是正值，则会让角色向右移动；如果是负值，则会让角色向左移动
将x坐标设为 0	设置角色的 x 坐标值
将y坐标增加 10	改变角色位置的 y 坐标值，如果是正值，则会让角色向上移动；如果是负值，则会让角色向下移动
将y坐标设为 0	设置角色的 y 坐标值
碰到边缘就反弹	如果碰到舞台边缘就返回。 角色在碰到舞台的上部、下部、两侧而反弹时，可以设置反弹运动的旋转方式
将旋转方式设为 左右翻转▼ ✓ 左右翻转 不可旋转 任意旋转	用来设置角色反弹时，角色造型的旋转方式。从下拉菜单中选择[左右翻转]，限制角色只能在水平方向上旋转。 从下拉菜单中选择[任意旋转]，让角色在垂直方向上翻转。 从下拉菜单中选择[不可旋转]，角色反弹时也始终维持一个朝向
☐ x坐标 ☐ y坐标	显示角色的x/y坐标值。 要在舞台上显示角色的x/y坐标，点击积木旁边的勾选框
☐ 方向	显示角色当前的方向。 方向指出角色的朝向。要在舞台上显示角色的方向，点击积木旁边的勾选框

四、外观类积木

外观类积木的作用是让角色改变造型、大小、显示或隐藏等。积木名称及功能说明如表1-3所示。

表 1-3

积木名称	功能说明
说 你好！ 2 秒	让角色说一些话，内容会以对话泡泡的方式呈现，在指定时间后隐藏。 可以输入任何想要说的内容。 对话泡泡会根据内容的字数自动调整框的大小。 如果内容较多，需要设置较长的显示时间
说 你好！	让角色说一些话，内容会以对话泡泡的方式呈现。 可以输入任何文字。 这些文字将会显示在对话泡泡中
思考 嗯…… 2 秒	用想象泡泡的图形来显示一些文字，表达心中所想，在指定时限后自动消除。 注意时间设置和内容字数要配合，太长的内容需要花比较多的时间来阅读
思考 嗯……	用想象泡泡的图形来显示一些文字，表达心中所想。 可以输入任何文字。 这些文字将会显示在对话泡泡中
换成 cat-a▼ 造型	用来改变角色的造型。 下拉菜单中可以选择已设置好的角色的不同造型名称，也可以选择让角色切换到指定造型编号的造型，需要将数字类型的积木嵌入到这个积木里面
下一个造型	切换到角色造型列表中下一个造型。 当"下一个造型"到达列表的底端，它会回到顶端
换成 背景1▼ 背景	用来改变舞台的背景。 从下拉菜单中选择背景的名字
下一个背景	将舞台背景替换成下一个背景。 当"下一个背景"到达列表的底端，它会回到顶端

（续表）

积木名称	功能说明
将大小增加 10	用来改变角色的显示尺寸
将大小设为 100	将一个角色的大小设置为相对于其最初大小的一个百分比。注意角色的显示尺寸是有限制的，即有上限值和下限值
将 颜色 ▼ 特效增加 25	为角色加上一些图形特效，并增加指定的强度值。 下拉菜单选项包含：[颜色]、[鱼眼]、[漩涡]、[像素化]、[马赛克]、[亮度]、[虚像]
将 颜色 ▼ 特效设定为 0	将角色的某种图形特效设定为指定的强度值
清除图形特效	用来清除角色上所有添加的图形效果
显示 隐藏	显示：让角色显示在舞台上。 隐藏：让角色在舞台上消失。 注意，当角色隐藏时，其他的角色将无法通过"碰到"积木侦测到它
移到最 前面 ▼	将指定角色的图层显示在其他图层之前或者之后。可以通过下拉菜单选择[前面]或[后面]
前移 ▼ 1 层	用来将指定角色的图层向前或向后移动 1 层或多层。通过第一个下拉菜单，可以选择[前移]或[后移]。在第二个框中，可以填入数字表示移动的层数。如果把角色向后移动若干层，就可以把它藏在其他角色的后面

（续表）

积木名称	功能说明
□ 造型 编号▼ □ 背景 编号▼	获取角色当前造型的编号，点击（积木旁边的）勾选框可在舞台上显示对应的监视器。 获取舞台当前的背景编号，点击（积木旁边的）勾选框可在舞台上显示对应的监视器
□ 大小	获取角色大小相对于其最初大小的一个百分比，点击（积木旁边的）勾选框可在舞台上显示对应的监视器

五、声音类积木

声音类积木的作用是让角色播放声音,以及设置声音播放时的音量等属性。积木名称及功能说明如表1-4所示。

表1-4

积木名称	功能说明
播放声音 Meow▼ 等待播完	播放一个特定的声音并等待声音播放完毕
播放声音 Meow▼	播放一个特定的声音。从下拉菜单中选择声音。该积木会开始播放声音，并立刻执行下一个积木
停止所有声音	停止播放所有的声音
将 音调▼ 音效增加 10	将播放声音的[音调]或[左右平衡]增加指定的数值
将 音调▼ 音效设为 100	将播放声音的[音调]或[左右平衡]设置为指定的数值
清除音效	清除所有音效

（续表）

积木名称	功能说明
将音量增加 −10	用来改变角色声音的音量，可以分别设置不同角色的音量
将音量设为 100 %	用来设置角色的音量的一个百分比，可以分别设置不同角色的音量
□ 音量	获取角色的音量，点击（积木旁边的）勾选框可在舞台上显示对应的监视器

六、事件类积木

事件类积木有两类：一类描述发生了什么事，另一类是让某件事发生。无论是哪类积木，它们的作用都是要触发某一段程序的启动。

编程中的事件实际是一个事件驱动指定的程序。比如点什么按钮，程序执行什么操作。积木名称及功能说明如表 1-5 所示。

表 1-5

积木名称	功能说明
当 ⚑ 被点击	当绿旗被点击时开始执行其下的程序
当按下 空格 ▼ 键	当指定的键盘按键被按下时开始执行其下的程序。通过下拉菜单，可以选择指定其他的按键。只要侦测到指定的按键被按下，程序就会开始执行
当角色被点击	当角色被点击时开始执行程序
当背景换成 背景1 ▼	当切换到指定背景时开始执行程序

（续表）

积木名称	功能说明
当 响度▼ > 10	当所选的[响度]或[计时器]的属性值大于指定的数字时，开始执行程序。可以从下拉菜单中选择其他属性
当接收到 消息1▼	当角色接收到指定的广播消息时开始执行下面的程序
广播 消息1▼	给所有角色及背景发送消息，用来告诉它们现在该做某事了
广播 消息1▼ 并等待	给所有角色和背景发送消息，告诉它们现在该做某事了并一直等到事情做完。点击选择要发送的消息。选择[新消息]来输入新的消息

七、控制类积木

控制类积木用来控制脚本运行的逻辑流程。比如，在角色"路灯"是红色的条件成立时，角色"汽车"停在路口；在角色"路灯"是绿色的条件成立时，角色"汽车"才开始行驶。

正是因为控制积木的存在，才使得程序变得强大而灵活。同时，控制积木也是需要花很多时间思考和实践的积木，因为使用好它需要我们有清晰的逻辑思维。积木名称及功能说明如表1-6所示。

表1-6

积木名称	功能说明
等待 1 秒	等待一定时间再继续执行下一个指令
重复执行 10 次	重复执行内层指令积木10次

（续表）

积木名称	功能说明
重复执行	重复执行内层指令积木
如果 那么	如果条件成立，则执行如果内层指令积木
如果 那么 否则	如果条件成立，则执行如果内层指令积木；否则，执行否则内层指令积木
等待	等待，直到条件成立才执行下一行指令积木
重复执行直到	重复执行内层指令积木，直到条件成立才执行下一行指令积木
停止 全部脚本 ▼	停止执行全部角色的[全部脚本]、当前角色的[这个脚本]或[该角色的其他脚本]
当作为克隆体启动时	当克隆体产生时，开始执行"克隆体"的指令积木
克隆 自己 ▼	创造角色的克隆体或其他角色的克隆体
删除此克隆体	删除角色的克隆体

八、侦测类积木

侦测类积木的作用是返回侦测项的数值,或侦测的结果,要与控制、事件等其他积木配合使用。积木名称及功能说明如表1-7所示。

表1-7

积木名称	功能说明
碰到 鼠标指针 ?	如果角色碰到特定角色、[舞台边缘]或[鼠标指针]就返回"真"值
碰到颜色 ?	如果角色碰到颜色就返回"真"值
颜色 碰到 ?	如果第1个颜色碰到第2个颜色就返回"真"值
到 鼠标指针 的距离	返回"角色与角色"或"角色与鼠标指针"的距离
询问 What's your name? 并等待	在舞台询问并等待键盘输入。 将键盘输入值保存在"回答"中
回答	返回询问的问题后,从键盘输入的应答(回答)
按下 空格 键?	如果按下键盘的某个特定的键就返回"真"值。键盘输入键值包括0~9、A~Z、方向键或空格键
按下鼠标?	如果单击了鼠标就返回"真"值
鼠标的x坐标 鼠标的y坐标	返回鼠标指针的x/y坐标

（续表）

积木名称	功能说明
将拖动模式设为 可拖动▼	设置推拽模式为[可拖动]或[不可拖动]
☐ 响度	返回计算机麦克风的响度值
☐ 计时器	返回计时器的秒数
计时器归零	计时器归零
舞台▼ 的 背景编号▼	返回[舞台]的[背景编号]、[背景名称]、[音量]、[变量]。 返回某个角色的[x坐标]、[y坐标]、[方向]、[造型编号]、[造型名称]、[大小]、[音量]
☐ 当前时间的 年▼	返回当前的时间，选项包含[年]、[月]、[日]、[星期]、[时]、[分]、[秒]
2000年至今的天数	返回从2000年起的天数
☐ 用户名	返回当前正在查看项目的用户名

九、运算类积木

运算类积木的作用是完成数学、逻辑等运算，并返回运算结果，需要和其他积木配合使用。积木名称及功能说明如表1-8所示。

表 1-8

积木名称	功能说明
+ − * /	分别是将两个数做加、减、乘、除数学运算
在 1 和 10 之间取随机数	从第 1 个数和第 2 个数之间随机选择一个数。如果都为整数，则输出整数。 如果有一个为小数，则输出小数
◇ > 50 ◇ < 50 ◇ = 50	第 1 个数和第 2 个数比较，大于、小于或等于成立，则返回"真"值
◆ 与 ◆ ◆ 或 ◆	与：第 1 个条件和第 2 个条件都为真，则返回"真"值。 或：第 1 个条件或第 2 个条件为真，则返回"真"值
不成立	如果条件为"假"，返回"真"值
连接 apple 和 banana	连接第 1 个字符串与第 2 个字符串
apple 的第 1 个字符	返回字符串中的特定（第几个）字符
apple 的字符数	返回字符串的长度
apple 包含 a ？	如果字符串包含子字符串，则返回"真"值

（续表）

积木名称	功能说明
除以 的余数	返回第 1 个数除以第 2 个数的余数
四舍五入	返回数的四舍五入结果（取整）
绝对值 ▼	返回数的绝对值

十、变量类积木

变量类积木包含变量和列表两种类型的数据的建立和操作,作用是返回、修改、显示/隐藏变量或列表的项。积木名称及功能说明如表 1-9 所示。

表 1-9

积木名称	功能说明
建立一个变量 ☐ 我的变量	新建一个变量
将 我的变量 ▼ 设为 0	将变量设置为指定值
将 我的变量 ▼ 增加 1	改变变量的值。 填写正数是增加变量的值；填写负数是减少变量的值
显示变量 我的变量 ▼ 隐藏变量 我的变量 ▼	显示或隐藏变量

（续表）

积木名称	功能说明
将 东西 加入 我的列表 ▼	将"东西"添加到列表，默认是添加到列表的最后一个项的后面。 "东西"可以是数值，也可以是字符或字符串
删除 我的列表 ▼ 的第 1 项	删除列表的某个指定项
删除 我的列表 ▼ 的全部项目	删除列表的所有项
在 我的列表 ▼ 的第 1 项前插入 东西	在列表的指定项前面插入新的列表项"东西"
将 我的列表 ▼ 的第 1 项替换为 东西	将指定的列表项替换成"东西"
我的列表 ▼ 的第 1 项	引用列表的某个项目
我的列表 ▼ 中第一个 东西 的编号	列表中第一次项目"东西"的编号
我的列表 ▼ 的项目数	列表的总项目数
显示列表 我的列表 ▼	在演示区显示列表
隐藏列表 我的列表 ▼	在演示区隐藏列表

第三章
Kitten 编程工具介绍

Kitten 源码编辑器是由国内开发的图形化编程工具,它无论是软件界面还是编程流程都和 Scratch 类似。当前发布的版本 Kitten 3 打开后的窗口界面如图 1-47 所示。

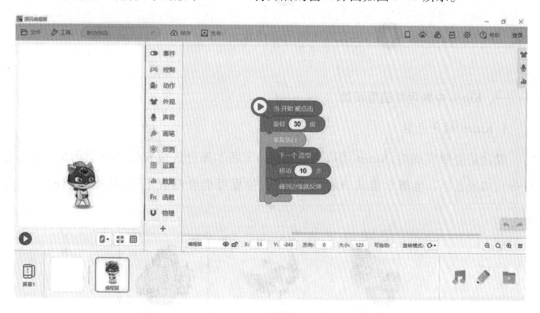

图 1-47

(1)主菜单栏:位于窗口顶端,主要提供文件的打开、保存、发布等功能,这些都和其他软件类似。需要说明的是,Kitten 还在主菜单栏里面的"工具"菜单下提供了以下功能。

①格式工厂:将 Kitten 程序转换成 Windows 可执行文件。

②代码转换:将图形化程序转换成 Python 或 JavaScript 程序。

③Scratch 文件:支持从本地上传 Scratch 格式文件并打开。

(2)角色区:位于窗口的下方,在这里可以添加、编辑、删除角色,可以查看、修改角色的名称、坐标、方向、大小、旋转模式等。

(3)屏幕和背景区:位于屏幕的左下方,在这里可以添加、编辑、删除屏幕和背景。

(4)程序区:我们编写的程序都需要放在这里。选择不同的角色,可以呈现所对应的程序。程序运行时,积木区会出现如图 1-48 所示的字样。

图 1-48

（5）舞台区：位于窗口的左上方，编写好的程序的执行效果可以在这里查看。这里还提供了几个图标按钮工具，可以更改舞台的大小、放大舞台显示、显示舞台坐标。

（6）其他按钮：在舞台的下方有一个 ▶ 图标，点击它后程序开始运行，结果在舞台区显示，同时图标会变成 ■ ，再次点击时程序停止运行。

一、Kitten 中角色和造型设置

1. Kitten 的角色区

舞台是竖版模式时，Kitten 源码编辑器的 V3 版本角色区位置位于界面的最下方（图 1-49），如果选择其他舞台模式或者版本不同，位置可能会略有不同，这里就不再一一列出了。

图 1-49

Kitten 源码编辑器查看和编辑角色造型的方法是点击编程区右上方的造型按钮（图 1-50）。

图 1-50

也可以点击选中角色，然后点击左上方的 ⚙ 按钮。然后就可以查看到该角色所拥有

的所有造型了,比如角色"仙人掌"有5个造型,如图1-51所示。

图 1-51

2. Kitten 中角色和造型设置

(1)角色设置:Kitten 源码编辑器角色的设置方法是点击编程界面中的画板和素材库按钮,如图1-52所示。

图 1-52

①画板:自己绘制角色。点击后会出现一个画图界面,完成绘制后点击保存即可(图1-53)。由于这个画图界面和 Scratch、其他画图软件差别不大,也不是本书重点内容,这里就不详细介绍了。

图 1-53

②素材库：从系统中选择一个角色，点击后会弹出一个新的窗口界面。点击角色可以按照分类查找和选择自己喜欢的一个或多个角色。

Kitten 素材库中，将角色分为形象、界面、道具、特效几类，如图 1-54 所示。

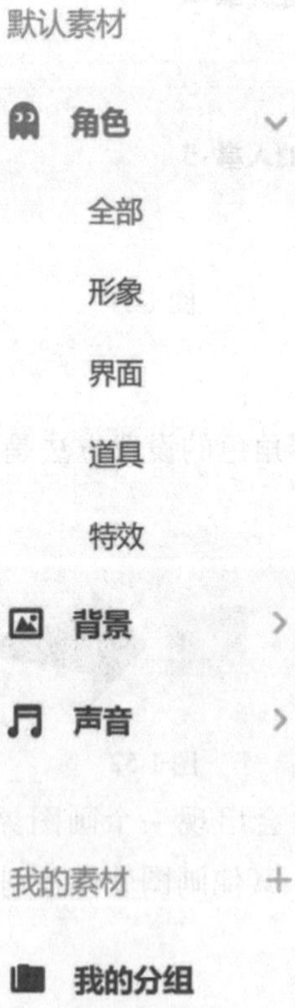

默认素材

角色

全部

形象

界面

道具

特效

背景

声音

我的素材 ＋

我的分组

图 1-54

③上传：我们也可以通过素材库的"本地上传"来添加素材，上传的素材会在"我的分组"分类中（图 1-55）。

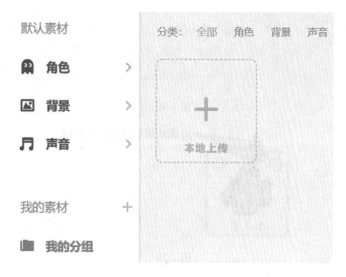

图 1-55

另外,Kitten 支持将电脑中的图片直接拖动到角色编辑区,那么电脑中的图片就可以快速地被导入到 Kitten 中了(图 1-56)。

图 1-56

如果需要编辑角色,需要在角色区域将鼠标移到想要编辑的那个角色上方,然后点击鼠标右键,从菜单中选择对应的操作(图 1-57)。

图 1-57

角色区的上方会显示所选中的角色的名称、坐标、显示或隐藏、大小、方向、旋转模式等信息。这和 Scratch 是一样的,所以不再重复讲述。

(2)造型设置(图 1-58):点击选中角色,然后点击左上方的 ⚙ 按钮(图 1-59),然后就能查看到该角色的所有造型了。

图 1-58

点击这里查看或设置造型

图 1-59

选中某个造型,会有 3 个图标选项,分别是"复制""编辑""删除"(图 1-60)。

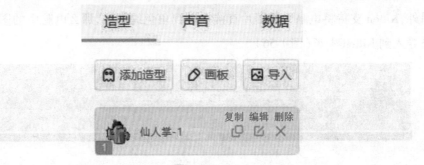

图 1-60

点击编辑后会出现画图界面,就可以对某个造型进行编辑了。

这里还提供了"添加造型""导入"等多个选项供我们使用。这和其他图形化编程软件是类似的。

3. Kitten 中角色的中心点

Kitten 中角色的中心点设置则更加简单,在角色区域选中角色或者在舞台上用鼠标左键点击选中角色,就可以对角色进行简单编辑了。如图 1-61 是选中角色后,角色周围出现的可供编辑的按钮。

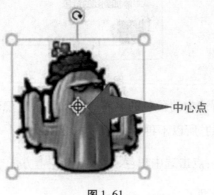

中心点

图 1-61

其中 就是中心点按钮。拖动中心点按钮到其他位置,角色的中心点位置也就到新的位置了。

⚠ **注意**

修改了这个中心点位置后,该角色对应的所有的造型的中心点位置也就随之改变了。这一点是和 Scratch 不同的,Scratch 是在某一个造型里面修改造型的中心点位置,修改后只会影响当前的造型,并不影响其他造型。

当然,我们也可以逐个改变每一个造型的中心点,方法就是进入造型编辑窗口,然后点击中心点按钮进行设置(图 1-62)。

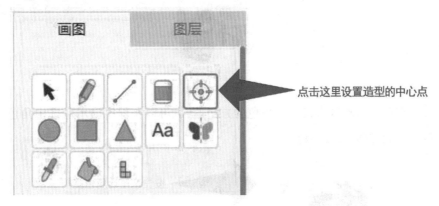

图 1-62

由此可以看出,中心点是一个可以自由设定的点,可以设置在角色各个位置,不同位置会出现不同效果。

在图形化编程工具中,中心点的作用主要有以下两个。

(1)中心点的位置就是角色坐标的位置:如果调整角色的坐标,角色的中心点就会移动到这个坐标点上。

(2)中心点与旋转有关:角色可以围绕这个中心进行旋转、缩放、对称等操作。

4. Kitten 中角色的方向

Kitten 中角色方向的含义和 Scratch 并无区别,唯一的区别就是关于方向的定义不同。Kitten 中对方向的定义如下。

在 Kitten 中,顺时针旋转,正右方为 0 度,正上方为 90 度,正左方为 180 度。逆时针旋转,正右方为 0 度,正下方为 -90 度,正左方为 -180 度(图 1-63)。

图 1-63

我们可以在角色编辑区直接设置角色的方向值,也可以在程序演示区选中角色,按住旋转按钮让角色任意旋转(图1-64)。

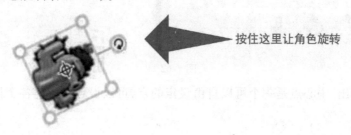

按住这里让角色旋转

图 1-64

另外,Kitten中设置角色旋转方式的图标按钮及名称和Scratch中略有区别,但功能是一样的(图1-65)。

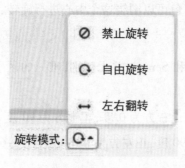

图 1-65

在图形化编程中,我们经常使用"移动""面向"与"碰到边缘就反弹"等积木,而使用好这些积木,前提就是要把角色的方向弄清楚。角色向前移动,移动的方向就是角色面向的方向。角色面对的方向用角度表示,度数决定角色面对的方向,而不能靠角色的头、眼睛的朝向来主观判断。

二、Kitten 舞台背景设置

1. Kitten 的舞台背景大小

只需要点击舞台右下方的"坐标系"图标,就可以打开舞台的坐标系,清楚地看到角色的坐标(图 1-66)。

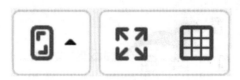

图 1-66

打开后 Kitten 舞台坐标系就显示出来了,如图 1-67 所示。

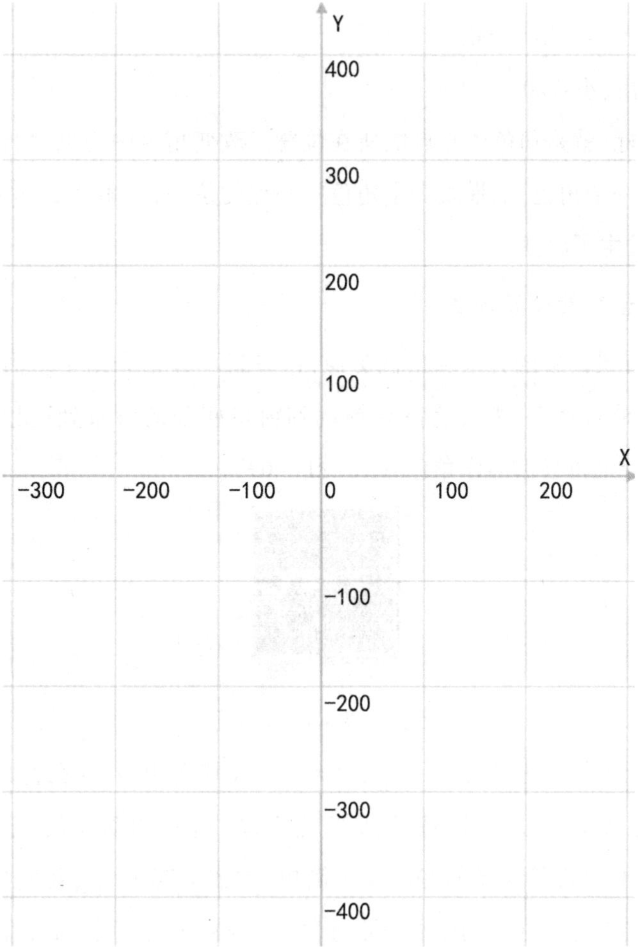

图 1-67

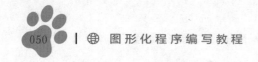

在 Kitten 中,角色的坐标会在角色区实时显示,用 X/Y 表示。需要注意的是,在 Kitten 的积木中,在代指坐标时用 x/y 表示而不是 X/Y。大家知道无论是 x/y 还是 X/Y,都是表示坐标。

Kitten 共提供 3 种舞台大小,可以任意调节,这和 Scratch 是不同的,Scratch 的舞台大小是固定的。改变舞台大小的方法如图 1-68 所示。

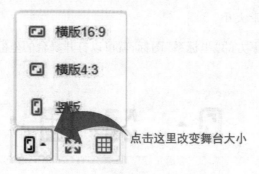

图 1-68

竖版舞台大小:900 ×620。

横版 4:3 舞台大小:720 ×960。

横版 16:9 舞台大小:720 ×1 280。

角色位置的坐标,就是角色中心点的所在位置。改变角色中心点,角色的位置会跟着发生改变。即使是同一个角色,如果改变了角色中心点的位置,而角色实际上在舞台上并没有动,但它的坐标却发生了改变。

2. Kitten 中舞台背景设置方法

Kitten 中舞台背景设置的方法和角色类似,这里就不详细介绍了。需要指出的是,如果是想通过拖动方式导入背景,需要将图片拖动到窗口底部的背景处(此时会出现"添加背景"提示)再释放,否则将会被当作角色导入(图 1-69)。

图 1-69

另外,Kitten 中背景可以使用一些动作类积木,这其实相当于把背景当作角色处理了,比如背景可以移动、旋转等,但像"碰到边缘就反弹"这样的动作类积木还是没法使用。所以用 Kitten 工具编写背景移动的程序就很简单,如图 1-70 所示,我们只需要给角色编写切换造型程序,再给背景添加程序,让背景连续向左移动,角色就可以呈现连续向右走动的效果了。

图 1-70

背景的程序如图 1-71 所示。

图 1-71

Kitten 中除了有背景,还提供了屏幕应用于多场景切换,一个屏幕内又可以设置新的背景、角色,屏幕与屏幕间的背景和角色相互独立存在,可通过对应的积木进行屏幕切换,特别是在制作 RPG(角色扮演类)游戏时,这个分屏幕的功能非常实用。

Kitten 中添加屏幕的方法如下。

(1)点击左下角背景旁边的屏幕按钮(图 1-72)。

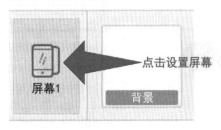

图 1-72

(2)展开,点击" + "号添加屏幕(图 1-73)。

图 1-73

接下来,我们也来看看 Kitten 主要提供了哪些编程积木指令供我们使用。

三、事件类积木

事件类积木有两类:一类描述发生了什么事,另一类是让某件事发生。无论是哪类积木,它们的作用都是要触发某一段程序的启动。积木名称及功能说明如表1-10所示。

表1-10

积木名称	功能说明
当 开始 被点击	一个程序开始的标志,当开始按键被点击时,立刻执行下面和它连接的积木。 我们编写好一个程序后,开始运行程序的时候总是先点击开始图标
当 角色 被 点击	当该角色被[点击]、[按下]、[放开]时,立刻执行这块积木下和它连接在一起的积木
当 在手机中 向 上 滑动	当在手机上向[上]、[下]、[左]、[右]滑动时,立刻执行这块积木下的和它连接在一起的积木
当 按下 a	在键盘上[按下]或[放开]选中的键时,立刻执行这块积木下的和它连接在一起的积木。 按键包含：26 个英文字母,0~9 数字,上、下、左、右键,空格键,回车键,任意键。 如果一直按住则会不断触发"按下"条件
当	当满足指定条件时,事件被触发时,立即执行这块积木下的和它连接的积木。 这个条件是一个条件判断,只有条件判断类积木才能嵌入到里面
停止 全部 脚本	停止[全部脚本]：停止整个作品的积木。 停止[当前脚本]：停止该积木所在的那组代码。 停止[当前角色的其他脚本]：停止除了当前角色外,该积木所在组的脚本积木以外的其他脚本积木。 停止[其他角色的脚本]：停止该角色以外的其他全部脚本积木
停止	停止整个程序,无法再触发任何脚本积木的运行

（续表）

积木名称	功能说明
重启	让全部脚本、角色归回原位、回到初始状态，从头开始执行脚本。 经常用在游戏程序编写、闯关失败或者游戏结束时，给予玩家重新开始的机会
当 收到 广播 "Hi" ˅	当角色接收到这个广播时，马上执行它下接的积木。 配合"发送广播[Hi]"使用
发送广播 "Hi" ˅	给所有的角色（包括背景）发送一个广播，通知收到该广播内容的角色开始执行某些操作。 配合"当收到广播[Hi]"使用，圆形输入框中输入该条广播的名称，以区分其他的广播
发送广播 "Hi" ˅ 并等待	除了给角色或背景发送一个广播内容外，还必须等待接收该广播的角色执行完对应程序内容后，才能继续广播后面的程序
当 屏幕 切换到 屏幕1 ˅	当切换到相应的屏幕时，执行以下的积木脚本。 屏幕名称可以修改
当 屏幕 切换到 屏幕1 ˅	快速切换到指定屏幕名称的场景。 屏幕名称可以修改
切换屏幕 1	快速切换到指定屏幕序号的场景。 屏幕的序号是自动分配的，删除其中任何一个屏幕，屏幕的顺序会自动补位
设置 屏幕切换特效为 向上 ˅ 移入 ˅	在切换屏幕时可以选择是否添加特效，方向可以选择[向上]、[向下]、[向左]、[向右]，特效可以选择[移入]、[弹入]、[淡入淡出]、[扭曲]或[无效果]
当 作为克隆体 启动时	当克隆体生成后，克隆体立刻执行此积木下的脚本。 克隆体可以继续克隆角色，最多克隆300个。系统会自动清除300个以上的克隆体，以保证程序运行速度

（续表）

积木名称	功能说明
克隆 自己 ∨	克隆指在游戏中复制出一个"空代码角色"（克隆体）。 克隆的是当角色被克隆那一刻的状态（包括大小、角度、坐标、质量、形状、造型等，唯独没有任何脚本积木），不同时刻克隆出来的是不同状态的克隆体
删除自己	将整个角色自身删除，包括它的造型和积木。常用于克隆体。 在大量使用克隆体的情况下，克隆体用完后一定要及时删除自己

四、控制类积木

控制类积木用来控制脚本运行的逻辑流程。积木名称及功能说明如表 1-11 所示。

表 1-11

积木名称	功能说明
重复执行	重复执行无限次积木框内包含的脚本积木，直到触发"退出循环"时才会运行此积木下方的脚本
重复执行 20 次	重复执行输入数值次的此积木框内的脚本，执行完后会再运行此积木下的脚本
重复执行直到	重复执行框内的脚本直到满足嵌入处的条件后，运行此积木下的脚本
退出循环	退出最近一个重复执行，执行下面的脚本
如果	如果嵌入处的 < 条件 > 成立，则执行"如果"积木框内的脚本，否则跳过此积木块

（续表）

积木名称	功能说明
如果 否则　+	如果第一个嵌入处的<条件>成立，则运行"如果"框中的脚本，不成立则运行"否则"框内的脚本。点击"+"可在其中再增加一个"如果<条件>否则"
等待　1　秒	用于隔开积木，等待"输入的数值"秒后，执行下面的脚本
保持等待直到	在嵌入处的<条件>成立之前，一直等待，直到嵌入处的条件成立后，运行下面的脚本
告诉　仙人掌∨　执行	告诉[选中的角色]执行此积木框内的脚本，相当于简化广播。 "告诉[某角色]执行"也可以快速完成广播的效果，但是只适用于角色，不适用于背景
告诉　仙人掌∨　执行并等待	告诉[选中的角色]执行框内的脚本，执行完毕后再执行下面的脚本。 "告诉－执行"与"告诉－执行并等待"的区别："告诉－执行"是没有先后顺序的，而"告诉－执行并等待"是必须等框内的脚本执行完毕才执行下一个脚本
分裂　仙人掌∨　到x　300　y　200	分裂指定的角色到指定坐标位置，分裂出来的角色（分裂体）与被分裂的角色一模一样（包括脚本积木）。 分裂体会继承本体的积木，也就是说，本体做什么，分裂体就做什么

五、动作类积木

动作类积木的作用是让角色做出移动、旋转等运动。积木名称及功能说明如表 1-12 所示。

表 1-12

积木名称	功能说明
移动　10　步	相当于 x 坐标增加 10，也可理解为角色向右移动 10 个长度单位。 角色默认移动方向为 0 度，即向右移动，可通过修改度数改变角色移动方向

（续表）

积木名称	功能说明
旋转 30 度	使角色旋转指定度数。一般情况下，旋转分为顺时针旋转和逆时针旋转，数值为正数时，逆时针旋转；数值为负数时，顺时针旋转
围绕 仙人掌 旋转 30 度	设置此积木，让角色 A 围绕指定另一个角色 B 旋转指定的度数
抖动 1 秒	角色进行抖动 1 秒，秒数可设置，延长或缩短抖动的时长
碰到边缘就反弹	当角色碰到舞台边缘时，会改变运动方向，朝反方向运动。 这其实是包含了侦测和条件判断，如果侦测到边缘，那么就反弹
面向 90 度	让角色面向 90 度方向，方向的度数可修改调整
面向 鼠标指针	让角色面向[鼠标指针]或[随机]或指定的另一个角色，不同角度面向角色的方向都不同
移到x 0 y 0	瞬间到达某一个指定的坐标点
移到 鼠标指针	使角色移动到某个指定位置，下拉框里可选移动到[鼠标指针]、[随机]或某个角色的位置
将 X 坐标 设置为 100	将 X/Y 坐标设置为指定的值。 设定 X 坐标后不会影响 Y 坐标，设定 Y 坐标后也不会影响 X 坐标
将 X 坐标 增加 100	在 X/Y 坐标原来数值的基础上，增加指定数值，角色会左右移动到原数值 + 增加数值的总数值位置
在 1 秒内，移到x 0 y 0	在指定时间内移动到某个坐标点

（续表）

积木名称	功能说明
在 1 秒内,将 X 坐标 增加 200	在指定的时间内,将 X/Y 坐标增加指定值
设置 此角色 可拖动	可选择[可拖动]或[不可拖动],会决定角色在程序运行中是否可以被鼠标拖动到任一位置
设置 旋转模式 为 自由旋转	改变角色的旋转模式。 值得注意的是,旋转模式并不影响角色的实际角度。 自由旋转:根据角色实际的面向方向,向相应的角度旋转。 左右翻转:角色只进行左右翻转,只有两种翻转方式。 不旋转:角色不会根据角度进行旋转
设置 角色阵营 为 🚩红色阵营	将角色设置为指定颜色阵营。 与侦测类积木中的"碰到"积木结合使用。 将不同角色设置为相同颜色阵营,即可操纵同一颜色阵营的角色行动

六、外观类积木

外观类积木的作用是让角色改变造型、大小、显示或隐藏等。积木名称及功能说明如表1-13所示。

表 1-13

积木名称	功能说明
切换到造型 仙人掌-1	使角色的造型切换到角色的某个指定名称的造型。 角色造型的名称可以修改
切换到编号为 1 的造型	使角色的造型切换到指定编号对应的造型。 编号是系统自动分配的,可以拖动造型改变造型的编号顺序
下一个造型	将角色的造型切换到下一个造型

（续表）

积木名称	功能说明
显示	将角色在程序运行中显示在舞台上
隐藏	将角色在程序运行中在舞台上隐藏
在 1 秒内逐渐显示	让角色在指定时间（单位：秒）内渐渐出现在舞台上
在 1 秒内逐渐隐藏	让角色在指定时间（单位：秒）内渐渐在舞台上隐藏
新建对话框 "Hi"	在程序中新建一个对话框，对话框的内容为输入的文本。 鼠标点击对话框表示已阅完此文本，则开始执行后续的脚本
对话 ∨ "Hi"	［对话］:以方形对话框样式持续显示输入的文本。 ［思考］:以圆角矩形对话框样式持续显示输入的文本
对话 ∨ "Hi" 持续 2 秒	［对话］:以方形对话框样式持续显示输入的文本。 持续指定时间（单位：秒）后消失。 ［思考］:以圆角矩形对话框样式持续显示输入的文本。 持续指定时间（单位：秒）后消失
询问 "你的名字" 并等待	新建方形对话框询问输入的文本内容，并保持等待直到得到回复，然后继续执行后续的脚本
获得 答复	调用最近一个询问获得的答复。 这个积木相当于一个变量，它的值就是用户的答复
询问 "1+1=?" 并选择 "1" "2" – +	新建对话框询问输入的文本内容，并保持等待直到选择一个选项后继续执行后续的脚本。 利用减号"－"和加号"＋"可以增加或减少一个选项（最多4个，最少1个）
获得 选择	调用最近一个询问获得的选项。 这个积木相当于一个变量，它的值就是用户的选择

（续表）

积木名称	功能说明
获得 选择项数	调用最近一个询问获得的选项的项数（序号）。 这个积木相当于一个变量，它的值就是用户的选择序号
把 "你好" 翻译成 英文∨	将输入的文本翻译成［英文/中文/文言文/法语/西班牙语/日语］并出现在对话框中
"你好" 的 英文∨ 翻译	调用已输入的文本翻译成［英文/中文/文言文/法语/西班牙语/日语］的文本内容
将 角色的 大小 设置为 100	将角色的大小设置为输入的数值（%）
将 角色的 大小 增加 10	在角色原大小（%）的基础上增加输入的数值（%）
将 角色的 宽度∨ 设置为 100	设置角色的［宽度］或［高度］
将 角色的 宽度∨ 增加 10	将角色的［宽度］或［高度］增加输入的值。角色将以中心点作为轴心发生拉伸或收缩变化
将 颜色∨ 特效设置为 10	将角色的［颜色/透明/亮度/像素化/波纹/扭曲/黑白/符号码］特效设置为输入的数值代表的程度
将 颜色∨ 特效增加 10	将角色的［颜色/透明/亮度/像素化/波纹/扭曲/黑白/符号码］特效在现有的基础上增加输入的数值代表的程度
清除图形特效	清除角色的全部特效
移至最上层	将角色的图层设置为最顶层
将图层上移 1	将角色的图层上移输入数值的层数

（续表）

积木名称	功能说明
左右 ∨ 翻转	使角色整体[左右/上下]翻转。 在角色本身并没有改变角度的情况下，就可以完成角色的左右或者上下翻转。 和设置旋转模式为[左右翻转]的区别：当角色本身的角度改变时，角色随着角度改变而左右翻转

七、声音类积木

声音类积木的作用是让角色识别或播放声音，可以设置声音播放时的音量等属性。积木名称及功能说明如表1-14所示。

表1-14

积木名称	功能说明
播放声音 ? ∨	播放选择的声音，同时执行下面的脚本。 点击"?"可以选择已添加的声音
播放声音 ? ∨ 直到结束	播放选择的声音，直到播放结束再执行下面的脚本。 点击"?"可以选择已添加的声音
设置 ? ∨ 音量 ∨ 大小 100 %	按百分比设置音乐的[音量]大小或[音速]快慢。 音量取值范围：0~100。 音速取值范围：5~400。 如果设置为0，代表静音。 点击"?"可以选择已添加的声音
使 ? ∨ 音量 ∨ 增加 10	增加/减少音乐的[音量]或[音速]数据，使音量变大或变小，使音速变快或变慢。 设置正数代表增加，负数代表减少
播放 音符 40 ∨ 1 拍	播放选择的钢琴音，以及输入的数值代表的拍数。 点击音符下拉箭头会出现钢琴键盘，拖动上方控制条可横向移动钢琴键盘，按琴键即可直接选音

（续表）

积木名称	功能说明
等待 1 拍	等待用户输入的数值的拍数。 注意：等待 1 拍 ≠ 等待 1 秒
停止 所有 声音	停止目前程序中的全部声音
设置说话语言为 英文	将说的语音内容识别为设置的语言。 可选语言：[中文/英文/法文/日文/西班牙语]。 如果不设置说话语言，"说"的内容会对中文或者英文进行自动识别，其他内容则无法识别
说 "你好"	说输入的文本的同时执行下面的脚本，支持中文和英文
说 "你好" 直到结束	说输入的文本直到结束，再执行下面的脚本，支持中文和英文
识别 语音为 中文	运行后会启动语音识别，可识别中文/英文，搭配"识别结果"积木使用
询问 "你的名字" 并识别 中文	询问输入的文本并语音识别[中文/英文]，搭配"识别结果"积木使用
识别结果	识别语音输入的结果。 相当于一个系统自带变量，用来存储语音识别结果
询问 "你的名字" 并录音	询问输入的文本并启动录音程序。在舞台区会出现"点击说话"提示和录音按钮，点击按钮可开始录音，再次点击可以停止录音
播放录音	播放最近一次的录音内容

八、画笔类积木

画笔类积木的作用是让角色像画笔一样在舞台上作画。积木名称及功能说明如表 1-15 所示。

表 1-15

积木名称	功能说明
落笔	开始画画，就像生活中把笔放到纸上开始画画一样。 这个积木是全部画笔积木的基本积木。 如果没有这个积木，是画不出痕迹的
抬笔	停止画画，画笔不再画出痕迹，就像把画笔抬起来一样
清除画笔	立即清除舞台上全部画的痕迹（包括文字印章和图像印章）
设置 画笔 粗细 5	设置画笔粗细，这个值是可以调整的，用来设置画笔痕迹的粗细
使 画笔 粗细 增加 5	增加画笔粗细，这个值也同样是可以调整的，可以增加或减少画笔痕迹大小
设置 画笔 颜色	给画笔设置一种颜色。 点击色块不仅可以直接选色、取色，还可以输入对应格式的数值来获取颜色
设置 画笔 颜色值 50	设置画笔痕迹的 [颜色值/饱和度/透明度/亮度]。 颜色值取值范围：0 ~ 360。 饱和度取值范围：0 ~ 100。 透明度取值范围：0 ~ 100。 亮度取值范围：0 ~ 100
使 画笔 颜色值 增加 10	使画笔痕迹的 [颜色值/饱和度/透明度/亮度] 增加输入的数值

（续表）

积木名称	功能说明
图像印章	将角色作为印章，把角色图案印在舞台上。 图像印章跟用画笔画出来的图像是一样的，不包含角色的脚本，所以和克隆出来的角色不同
文字印章 "你好" 大小 24	文字印章可以复制出文字框的内容。 文字的大小可以设置
设置 填充 颜色	给画笔画出的图案进行指定颜色的填充。 结合"填充起点"与"填充终点"积木使用
设置 当前 为 填充 起点	设置角色当前所在位置为填充范围的起点。 注意：起点和终点需配合设置
设置 当前 为 填充 终点	设置角色当前所在位置为填充范围的终点
将角色 移至 画笔图层 下方	设置角色与画笔之间的图层关系，调整画笔图层位置，移动到画笔图层[下方]或[上方]

九、侦测类积木

侦测类积木的作用是返回侦测项的数值，或侦测的结果，要与控制、事件等其他积木配合使用。积木名称及功能说明如表 1-16 所示。

表 1-16

积木名称	功能说明
鼠标 按下	侦测程序运行时鼠标是否在游戏屏幕中[按下/点击/放开]，如果鼠标左键按下，则成立
按下 按键 a	[按下/放开]指定按键时，条件成立，会继续执行后续脚本。 按键包括：26 个英文字母，数字 0~9，上、下、左、右键，空格键，回车键，任意键
自己 碰到 仙人掌	侦测[角色/阵营]是否碰到[其他角色/指定颜色阵营/舞台边缘/鼠标指针]

（续表）

积木名称	功能说明
自己∨ 碰到颜色 ●	碰到指定颜色时，条件成立
离开 边缘∨	如果角色离开整个舞台，则此积木条件成立
离开∨ 屏幕 1	侦测程序运行时当前角色是否[离开]或[留在]指定序号的屏幕
自己∨ 的 X坐标∨	调用角色的某个数据，包括：X 坐标、Y 坐标、造型编号、角度、造型名字、大小、颜色、语句、透明、亮度
到 鼠标指针∨ 的距离	调用当前角色到[鼠标/其他角色]的距离
手机倾斜 X∨ 分量	侦测手机是否倾斜，并返回倾斜数据，包括设备前后倾斜度、两侧倾斜度。 手机需内置陀螺仪。当 X/Y 为正值表示屏幕向右倾斜，负值则向左倾斜
鼠标的 X∨ 坐标	调用鼠标目前在舞台上的 X/Y 坐标
舞台的 宽度∨	调用舞台[宽度]和舞台[长度]。竖版舞台默认宽是 620，高是 900
当前 年∨	调用当前的[年/月/日/星期/小时/分钟/秒]数据
计时器	调用计时器数值
计时器归零	清空运行的计时器数值

（续表）

积木名称	功能说明
开启 ˅ 声音侦测	[开启/关闭]声音侦测。 如果没有开启声音侦测是没有办法捕获"当前音量"的
当前音量	侦测当前声音的音量数值大小

十、运算类积木

运算类积木的作用是完成数学、逻辑等运算，并返回运算结果，需要和其他积木配合使用。积木名称及功能说明如表 1-17 所示。

表 1-17

积木名称	功能说明
0	调用数据
0　+ ˅　0	用于计算两个数值的四则运算与次方的得数
在 0 到 5 间随机选一个整数	在输入的数值范围内随机抽取一个整数，两边为闭区间，即"在 0 到 5 间随机选一个整数"，则会包括 0 和 5
0　是偶数 ˅	如果输入的数值符合条件则成立，反之则不成立。 下拉选项包括：[是偶数/是奇数/是质数/是整数/是正数/是负数]
9 能被 3 整除	如果第一个数值作为被除数可以被第二个数值整除，则成立
且 ˅	且：当第一个条件和第二个条件都成立时，则条件成立。 或：任意一个条件成立，则条件成立
数学运算　"1+2"	计算数学运算，支持四则运算（+、-、*、/）、次方（^）、三角函数（sin、cos、tan）等数学公式

(续表)

积木名称	功能说明
算术平方根 ⌄ 0	用于将数值以选择的条件进行换算。 下拉选项： 算数平方根（ ）：求出数值算数平方根。 绝对值（ ）：求出数值绝对值。 −（ ）：将数值转化为负数。 ln（ ）：转化为以 e 为底数的对数。 log10（ ）：转化为以 10 为底的对数函数。 e^（ ）：e 的次方。 10^（ ）：10 的次方
64 ÷ 10 的余数	得到第一个数值除以第二个数值的余数
sin ⌄ 45	用于将数值以选择的条件进行三角函数换算。 下拉选项： sin（ ） cos（ ） tan（ ） asin（ ） acos（ ） atan（ ）
四舍五入 ⌄ 3.1	以选择的取整形式将数值舍入为其他值。 举例： 四舍五入：3.1 = 3（四舍五入） 向上取整：3.1 = 4（大于 3.1 的最小整数） 向下取整：3.1 = 3（小于 3.1 的最大整数）
0 = ⌄ 0	如果第一个数值和第二个数值判断关系成立，则条件成立。 下拉选项：= , > , = , < , = , > , < , 不等于
成立 ⌄	使条件成立或不成立

（续表）

积木名称	功能说明
不成立	当框内的条件不成立时，则此积木成立。 当框内的条件成立时，则此积木不成立
"你好"	调用字符串
把 "123" 转换为 数字 类型	将任意输入内容的类型转换为数字/字符串/布尔值类型
把 "ab" "c" 放在一起 +	将两个以上的文字文本或数字结合在一起。 点击"＋"可以增加文本或数字，点击"－"可以删除文本或数字
"abc" 的长度	调用字符串的长度。一个数字、字母、汉字均为一个字符
"abc" 的第 1 个字符串 +	调用文字文本的第 X 到 Y 个字符。默认是调用第一个字符，点击"＋"可以设置起止位置
"abc" 包含 "abc"	判断第一个文字文本内是否包含第二个文字文本
把 "1,2,3,4" 按 "," 分开成列表	把文本按照需求生成列表，输出格式为列表，经常与列表相关模块搭配使用

十一、数据类积木

数据类积木分为变量和列表两类，作用是返回、修改、显示/隐藏变量或列表的项。积木名称及功能说明如表 1-18 所示。

表 1-18

积木名称	功能说明
变量	调用已定义的变量
设置变量 ? 的值为 0	设置一个变量为输入的数值。 点击向下箭头可以选择一个已定义变量

（续表）

积木名称	功能说明
使变量 ? 增加 1	让一个变量在原来数值的基础上，增加或减少输入的数值
显示 变量 ?	显示/隐藏某个变量
列表	调用已定义的列表
添加 0 到 列表 末尾	将输入的数值添加到"列表"的最后一项
插入 0 到 列表 的第 1 项	将输入的数值插入到选择"列表"的指定位置
删除 列表 第 1 项	删除指定"列表"[第几项/最后一项/所有项的文本/数值]
替换 列表 第 1 项 为 0	将"列表"的[第几项/最后一项替换成输入的数值]
复制 列表 到 列表	复制第一个选择的"列表"的全部数据/文本，粘贴到第二个选择的"列表"
列表 第 1 项	调用选择的"列表"第几项/最后一项的数值或文本
列表 的长度	调用"列表"的长度
列表 中第一个 0 的位置	调用某项内容在整个列表中的位置。如果调取内容不在整个列表中，则返回数值"0"
列表 中包含 0	检查列表中是否含有输入的数值或文本
显示 列表	[显示/隐藏]列表

十二、物理类积木

物理类积木主要给角色赋予一定的物理属性(质量、速度等),让角色的运动符合客观物理规律并显示对应的效果。这对于游戏类程序的编写非常有用。积木名称及功能说明如表1-19 所示。

表 1-19

积木名称	功能说明
开启 物理引擎	开启物理引擎。 在开启物理引擎之前,任何物理积木都不会起作用。 当开启了物理引擎后,这个角色则有了重力、质量、摩擦力等
关闭 物理引擎	关闭了物理引擎角色会瞬间失去质量,不受任何力的作用
参与 ∨ 物理碰撞	设定角色是否参与物理碰撞。 参与物理碰撞,即正常开启物理引擎的效果。 若角色不参与物理碰撞,则其他角色碰到该角色时不会产生物理碰撞效果
允许 ∨ 倾倒	允许倾倒后,物体在往下掉的过程中,会有倾倒效果。 倾倒效果与下落的速度、角色的质量、角色的形状有关。 一般质量越大,倾倒效果越明显
设置 引力加速度 大小 10 方向 -90 度	改变地心引力加速度。 取值范围: -10 000 ~ 10 000。 大小:默认值为10。 引力加速度越大,自由落体的速度越快。 方向:默认值为-90。 引力方向为-90度时,开启物理引擎后角色会朝正下方坠落
设置 引力加速度 大小 10 通过手机倾斜控制重力	通过手机倾斜来控制重力方向。 取值范围: -10 000 ~ 10 000。 大小:默认值为10。 引力加速度越大,自由落体的速度越快。 倾斜手机时,重力始终与现实重力方向保持一致,竖直向下
设置 物理边界为 无边界 ∨	即在开启物理引擎的情况下,设置舞台的物理边界情况。 系统默认无物理边界。 下拉选项可选[无边界]、[边缘]、[下边缘],以及[左右与下边缘]

（续表）

积木名称	功能说明
设置 质量 10	角色的默认质量由角色的大小决定，角色越大，默认质量越大。 使用"设置质量"可将角色的质量设定为特定值。 取值范围：0~10 000
设置 密度 1	设置的角色密度大小，影响角色质量大小。 取值范围：0~10 000。 在源码编辑器中，密度＝质量÷面积
设置 摩擦系数 0.5	设置摩擦系统。 摩擦系数越大，角色本身受外力的作用越大，角色受到的阻力越大。 取值范围为0~1，可取小数
设置 反弹系数 0.9	设置反弹系数。 用来观察球类碰撞反弹的效果。 取值范围：0~1
设置 角色的材质为 普通 ∨	设置角色的材质即设置角色的质量、密度、摩擦系数与反弹系数。 目前有[普通]、[铁]、[木头]和[弹性材质]四种材质
自己 ∨ 的 速度 ∨	调用指定角色[速度]、[密度]、[质量]、[摩擦系数]或[反弹系数]参数
设置 速度 大小 5 方向 0 度	设置角色的某个时间点的瞬移速度大小和方向
设置 速度 x轴 5 y轴 5	设置x轴和y轴的数值来决定角色移动的方向和速度大小。 大小由x到坐标原点的距离决定，方向由x、y的位置决定
设置 力的 大小 5 方向 0 度	设置在某个时间点的力的大小和方向
设置 力 x轴 5 y轴 5	设置x轴和y轴的数值来决定力的方向和力的大小

第二部分

图形化编程：入门篇

第一章
第一个程序

有了舞台背景、角色，以及各种各样能实现不同功能的积木，就可以编程了。

一、程序编写方法

图形化编程工具中供我们编写程序的区域称为程序区或代码区。我们就是在这里对积木进行各种组合，从而编写完成程序，实现想要实现的编程目标。

1. 积木拼接

当把两个积木放在一起时，一个积木的凸起部分正好对应另外一个积木的内凹部分，如果中间出现灰色，则说明两个积木可以拼接在一起（图 2-1）。

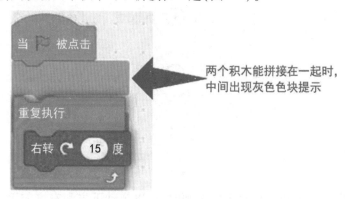

两个积木能拼接在一起时，中间出现灰色色块提示

图 2-1

有一些积木没有凸凹的部分，它们通常是表示数值或字符的积木，外观是两边类似圆形的形状（图 2-2）。

图 2-2

还有一些是表示判断的积木，外观是六边形（图 2-3）。

图 2-3

这两种类型的积木必须拖入到相同形状类型的积木对准之后才能进行拼接。形状不同的积木没有办法拼接成功。

另外，Scratch 中的代码区的右上角显示出了当前角色的缩略图，这可以让用户当前是在对哪个角色编程一目了然。如图 2-4 所示，我们正在给角色"Ball"编写程序，代码区右上角显示了该角色。而 Kitten 工具暂时没有这个功能，我们需要看清楚角色区域哪个角色被选中了，我们正在编写的程序正是针对这个角色。

图 2-4

2. 代码视图切换

无论是 Scratch 还是 Kitten 都提供了 3 个按钮，分别可以放大代码视图、缩小代码视图和居中对齐代码，分别点击一下，可以发现编写好的代码显示的大小会发生变化（图 2-5）。

图 2-5

注意：当代码较多，超出了代码区的范围时，可以拖动下方和右方的滚动条来查看更广的工作区域内的代码。当我们在代码区工作的时候，可以根据自己的需要，灵活布局和滚动查看代码。

3. 代码编辑

在代码区的任意空白区域点击鼠标右键，会弹出一个菜单，可以对积木进行"撤销""重做""整理积木""添加注释""删除积木"等一系列操作。图 2-6 左侧是 Scratch 中的菜单选项，右侧是 Kitten 中的菜单选项。

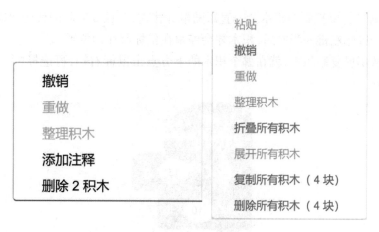

图 2-6

另外，Kitten 还提供了一个快捷图标按钮可以整理积木（图 2-7）。

图 2-7

Scratch 中，在已编写好的程序积木上点击鼠标右键，可以选择"复制""添加注释""删除积木"（图 2-8）。

图 2-8

而 Kitten 中提供的菜单选项则更丰富一些，如图 2-9 所示。

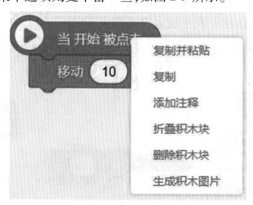

图 2-9

由于两个工具差别不大，下面以 Scratch 为例看看具体的操作。

　　点击"复制"后,要复制的积木会一直跟随鼠标移动,并且被复制的代码块周围也出现了阴影,直到点击鼠标左键并释放后,积木才会停留在鼠标所在的位置。

　　注意:想从哪里复制积木,就在哪个积木的上方点击鼠标右键,再选择"复制"。比如图2-10中的程序。

图 2-10

　　在  上分别点击鼠标右键,再选择"复制",执行效果是不一样的。前者是把两个积木都复制了,后者是只复制了当前积木(因为它已经是这段代码的最后一个积木了)。

　　如果想删除积木,其他操作方法和"复制"都是一样的,只是在菜单中要选择"删除"。不同的地方是,删除积木是在想要删除的积木上方点击鼠标右键,然后选择"删除",只会删除当前积木,不会删除和它连接的积木。如图2-11在积木"右转15度"上执行删除操作,只会删除它自己,而下面的"左转15度"不会被删除。

图 2-11

　　另外Scratch还提供了一种更快捷的删除积木的方法,那就是用鼠标左键按住想要删除的积木,然后拖动到代码区,这些积木就会自动消失了(图2-12)。

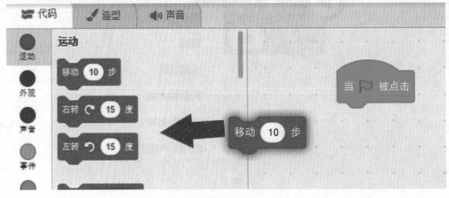

图 2-12

如果不小心删除错了,可以在程序区空白区域点击鼠标右键,然后选择"撤销"。

4.添加注释

给程序添加注释是良好的编程习惯。良好的注释使程序具备易读性,方便自己后续编写及其他开发者读懂或继续开发。我们在编写程序尤其是程序比较复杂时,一定要记得及时添加注释。我们可以给一段程序添加注释,也可以给某一条指令添加注释。

给程序添加注释的方法如下。

在需要添加注释的地方点击鼠标右键,出现以下菜单后选择"添加注释",就可以给程序加上一段说明(图2-13)。

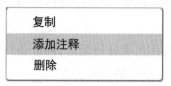

图 2-13

这段说明是不会被当作指令执行的,只是为了方便你或者其他阅读这个程序的人看懂。比如图2-14中的文字就是给一段程序添加的注释。

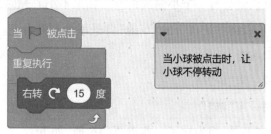

图 2-14

Kitten 中添加注释的方法和 Scratch 类似,这里不再赘述。

二、程序编写流程

程序编写的一般流程如图2-15所示。

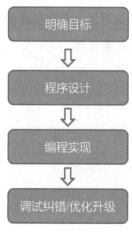

图 2-15

我们这里借助 Scratch 3.0 工具,通过一个最简单的小猫 say hello 的小程序来介绍一下程序编写流程。

1. 编程目标

编程之前首先要给自己一个任务即目标——我们要让计算机做什么事情呢? 这里我们想要让草地上的小猫向右走 20 步,然后说一声"hello",最后叫一声"喵!"

2. 程序设计

如何实现呢? 首先需要将问题分解,然后再考虑如何去实现。这个过程可以称为程序设计。

第 1 步:在程序编写之前,需要先准备好场景,即准备好舞台背景和角色。它是结合美学、声学进行背景画面、角色安排,设计场景或情节。

比如我们要实现上述编程目标,首先,要有一个对象,那就是小猫,所以第一步要选定角色"小猫"。其次,要有"草地"背景,就是角色的舞台。

实际上打开软件,默认就会有一个小猫的角色。如果不小心删除了,可以从系统库中再次添加。用同样的方法可以将系统自带的"草地"背景添加到舞台上。

第 2 步:要让小猫向右走 20 步。

第 3 步:要让小猫说一声"hello!"

第 4 步:要让小猫叫一声"喵!"

是不是完整了? 其实不是,因为缺了一些重要的东西,如下。

程序要怎么开始执行?

什么时候开始执行?

这就需要一个事件来触发程序执行,就像闹钟响了要起床一样。闹钟响就是一个事件,所以在这里我们要加上第 5 步。

第 5 步:选一个程序触发执行的事件放在程序的最前面。

以上程序设计可以用流程图 2-16 来体现。

图 2-16

流程图就是用图形化的方式表达出事情的先后顺序，是专门用于描述、表达思路的一种语言。它表示用户每一个活动的前后次序（比如用户必须要先插入银行卡才能够输入密码），且必须直接表现出各种异常判断（比如当密码错误时，出现什么提示，密码输入错误超过多少次时，出现什么提示和动作）。

任何一个程序都可以看作由一系列动作组成的流程，就像我们吃饭的动作一样，它包含了以下流程：拿筷子—夹菜—入口—咀嚼—吞咽。

3.编程实现

接下来对照程序设计，我们可以利用具体的指令来实现程序设计中每个执行步骤的功能。所以程序设计这个步骤很关键，这个环节出现差错，接下来的编程过程就难免出现错误。

第 1 步：从"代码"标签页下的"运动"类积木中，把 移动 10 步 这个积木拖放到代

码区，此时可以修改 10 为 20，积木变成 移动 20 步 。此时，如果用鼠标点击代码区的

这个积木块，积木块周围会出现黄色光影，说明代码在执行，同时也会看到舞台上的小猫向前移动了 20 步。

第 2 步：从"外观"类积木中拖动 说 你好! ，并将"你好"修改成"hello!"

说 hello! ，将它拖到 移动 20 步 下面。此时，移动 20 步 下方的凸起和

说 hello! 上方的凹进会自动地组合到一起，形成组合。

第3步：我们再从"声音"积木中，拖动  积木块，将其放到

 下方。此时，如果点击代码区的这个积木块组合，会看到舞台上的小猫会

移动 20 步，说声"hello!"并发出"喵"的声音。

第4步：那么，我们应该在什么时候开始执行这个积木组合呢？在"事件"类积木中，把

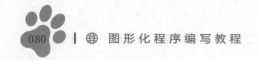 拖动到代码区中，放到之前的组合积木块的上方。完成后的代码如图 2-17 所示。

图 2-17

此时，如果我们点击舞台区左上方的 按钮，这段代码就会开始执行，小猫就会动

起来，并发出叫声。在程序执行过程中，无论任何时候，当我们点击舞台区左上方的

按钮的时候，程序就会停止执行并退出。

从这个简单的程序我们也可以发现，计算机是按照我们编写的程序里的积木先后顺序

执行的，即顺序执行。可以试试换换三个积木的执行顺序，观察一下演示区的执行效果。后

面我们还要学习条件判断、循环（含有限循环、无限循环）等程序结构。

最后，我们观看一下程序的执行效果，并把程序保存在电脑上，并命名为"小猫 say

hello"（图 2-18）。

图 2-18

这里仅通过一个最简单的程序来了解程序编程流程。其实每个积木分类里面还有很多指令，需要我们了解每一个指令的用法，才能设计出更多有趣和实用的程序。

4. 程序调试和优化

如果一切顺利，我们就可以运行程序，进入调试阶段，看看舞台上会不会呈现我们预期的程序设计效果。如果程序没有按照我们的设想执行，那么程序设计和执行过程中就存在问题或漏洞(bug)了，我们需要对照最初的程序设计思路反观我们编写的程序，看看是不是严格按照程序的设计进行代码编写，或者我们当初的程序设计是否存在漏洞，这个过程称为纠错(debug)。

即使程序没有错误，有时候为了丰富一些细节，或者渲染场景，或者添加某些功能，我们也需要在程序完成之后进行一些代码的重写优化和调试工作，这个叫程序优化。比如我们也许需要对角色及内容的细节做进一步的丰富，对程序美观、场景效果做进一步的渲染，或者新增加一些原有程序没有的功能，或者对原来程序的算法设计进行优化，进一步降低程序运行时间或减少资源占用。

相应地，我们可以简单地通过改变编写的程序命名把程序区别开来。比如我们已经编写好第一个 Scratch 程序"小猫 say hello"，其实可以给它取个新的名字"小猫 say hello V1.0"，字母 V 代表版本(version)。这样如果我们后续再修改这个程序，比如添加了一些新的积木，这时可以把修改后的程序命名为"小猫 say hello V2.0"。

我们使用的 Scratch 软件也是有版本区分的，比如我们目前在用的属于 Scratch 3.0 系列，而上一个版本是 Scratch 2.0。版本还可以进一步细分，比如最新的 Scratch 3.0 系列版本中，它的最新版本号是 V3.6.0。

第二章
让角色动起来

一、模拟动画

动画是通过把人物的表情、动作、变化等分解后画成许多动作瞬间的画幅,再用摄影机连续拍摄成一系列画面,给视觉造成连续变化的图画。它的基本原理与电影、电视一样,都是视觉暂留原理。医学证明人类具有"视觉暂留"的特性,人的眼睛看到一幅画或一个物体后,在0.34秒内不会消失。利用这一原理,在一幅画还没有消失前播放下一幅画,就会给人造成一种流畅的视觉变化效果。

如图2-19可以把一个羽毛球运动员挥手打球的动作分解成9个静态画面。如果把这9个静态画面连续播放,就可以形成一个挥手打球的连续动画了。

图2-19

在图形化编程工具里,角色的运动是依靠"外观"积木里的切换造型来实现的。这个原理类似于翻书动画。

造型就是角色的外观和形象。就像一个人可以穿多套衣服,一个角色也可以有多个造型。通过切换角色的造型,我们可以让角色看起来像在做某种运动。

我们这里借助Scratch工具,通过做一个移动的公鸡动画来学习、理解对角色的操作及造型的概念,并利用相关工具实现模拟动画制作(图2-20)。

图2-20

第1步：从背景库中选择一个名为"Wall2"的背景。

第2步：从角色库中添加一个名为"Rooster"的角色。注意，这个角色有三个造型，包含静止、鸣叫、转头。我们通过切换这三个造型，就可以表现出公鸡开始动起来的画面。

第3步：编写代码。

首先拖动   到程序区。这个积木的作用就是将角色造型切换为下一个造型。点击它，会发现角色在舞台区的造型发生了变化。

然后拖入  积木，将下个选型积木嵌入到重复执行积木中。这时点击这个积木块组合，会发现公鸡可以连续动起来了。

但是由于动得太快（其实是造型切换得太快），效果并不是太好，我们经常把这种不自然的动画效果称为"抖动"。

怎么办呢？加入一个  积木，把其中的"1"秒改为"0.3"秒，让每次造型在切换时有一个短暂的停留，现在看上去效果不错。

⚠ 注意

如果在 Scratch 中把等待时间设置成负数比如"－10"（图2-21），想想结果会怎么样。

等待 -10 秒

图2-21

答案是和设置成"0"是一样的。

但 Kitten 中是无法这样设置的，当你输入了类似"－10"这样的数值后，工具会自动将数值还原到"0"。

最后我们加入"点击开始积木"，这样一个简单的角色动画示例就做好了。程序如图2-22所示。

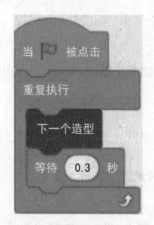

图 2-22

当然,这个程序其实还可以按照图 2-23 编写,只是看起来更复杂了一些。

图 2-23

如果想让动画只呈现一次,可以把无限循环"重复执行"控制积木换成有限循环积木。

比如我们想制作一个表现角色"Chick"的一次啄食的动画效果,打开该角色造型发现该角色有 3 个造型(图 2-24)。

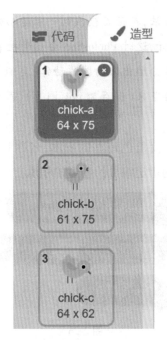

图 2-24

　　程序开始时小鸡"Chick"是没有啄食的(头抬起、嘴巴闭上的造型,编号 1),所以默认是第一个造型。

　　如果想让它完成一次啄食动作,需要先切换到第二个造型(嘴巴张开,编号 2),然后切换到第三个造型(头低下,编号 3),最后回到原来的造型(编号 1),可以添加代码,如图 2-25所示。

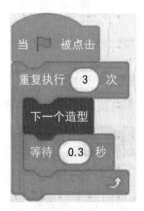

图 2-25

　　我们可以数一下角色"切换造型"指令共执行了 3 次,又回到了原来的造型(造型 1)。

 注意

　　我们可不可以做一些更加流畅真实的运动呢?

　　这个时候问题出现了,去哪里找这么合适的图片呢? 而且要一张张的,连起来还是一个完整的动作。这时我们有一个办法，就是直接找到一张运动的 gif 格式图片，gif 可以用 IE 浏览器打开。然后用 Photoshop 打开，这时 Photoshop 会自动把 gif 图片的每一个图片分解到图层里面，每一个图层对应的是 gif 分解出来的图片动作（类似于翻书动画的每一页的画面）。

然后我们把每一张图片保存下来（保存为 png 图片），再分别上传到 Scratch 角色里面的造型就可以了。

Kitten 工具里面也提供了改变角色造型的积木，名称和 Scratch 里略有不同，如图 2-26 所示。它提供了可以直接切换到指定编号的造型的积木。

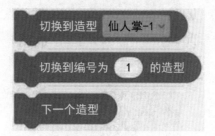

图 2-26

而 Scratch 中是没有直接提供这个积木的，但却可以把数字嵌入到这个积木中，实现这样的效果。如图 2-27 中的积木，是在 1 到 10 之间随机产生一个数，然后切换成这个数对应的编号的造型。

图 2-27

二、旋转动画

要让角色旋转起来，我们可以用旋转积木。

Kitten 编程工具里在"动作"积木内提供了一个旋转积木，如图 2-28 所示。

图 2-28

输入正数，角色围绕中心点沿着逆时针方向旋转；输入负数，角色围绕中心点沿着顺时针方向旋转。

而 Scratch 中则在"运动"积木里直接提供了两个旋转积木供使用，如图 2-29 所示。

图 2-29

这里也可以输入正数或负数，"右转 – 15 度"效果等同于"左转 15 度"，"左转 – 15 度"效果等同于"右转 15 度"。

接下来我们在 Scratch 编程工具中选择一个角色来尝试一下。

第 1 步：删除默认的小猫角色。从角色库中添加一个名为"Story – B"的角色。这个角色的外形就是一个字母 B。

第 2 步：编写程序，实现当角色被点击的时候，以右转 10 度的方式重复旋转 36 次。旋转结束后，角色恢复正常朝向。代码如图 2-30 所示。

图 2-30

至此，这个简单的程序就编写完了。现在点击绿色旗帜按钮开始运行程序，当用鼠标点击字母"B"的时候，它开始旋转，并且最终恢复程序运行之初的样子。

我们再在 Kitten 利用旋转积木做一个能实现图标抖动效果的程序。当鼠标靠近图标时，角色就开始抖动，图标的程序如图 2-31 所示。

图 2-31

三、位置移动动画

利用让角色移动的积木可以让角色在舞台上动起来。这些积木在 Scratch 中称为"运动"积木，在 Kitten 中称为"动作"积木。

下面我们利用 Scratch 编程工具编写一个实现篮球入筐的程序，看一下怎么让角色移动到指定的位置,如图 2-32 所示。

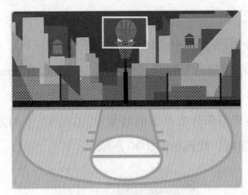

图 2-32

第 1 步:删除默认的小猫角色。从背景库中添加"Basketball1"作为背景,从角色库中添加"Basketball"作为角色。

第 2 步:编写代码。拖动一个滑动积木,让篮球在 1 秒钟内从舞台右上方滑动到舞台左下方的某一个位置;再拖动另一个滑动积木,让篮球在 1 秒钟内滑动到右上方的位置。拖动一个移动到指定位置的积木块,放到滑动积木块上方。完成后的代码如图 2-33 所示。

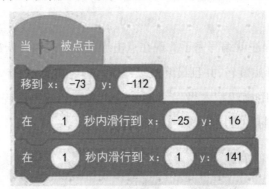

图 2-33

第 3 步:运行程序,篮球将呈现动画效果。

如果我们再运用循环结构,就可以让角色一直移动下去。比如图 2-34 中的程序。

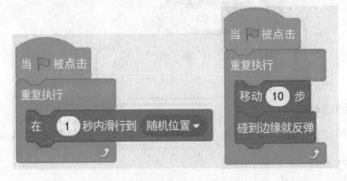

图 2-34

注意：如果动物、人等角色碰到边缘反弹后头朝下，别忘了在程序开始添加一个指令"将旋转方式设为左右翻转"（Scratch）或"设置旋转模式为自由旋转"（Kitten）（图 2-35）。

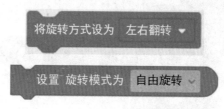

图 2-35

我们在学习过程中，一定要注意图 2-36 中几个积木的差别。

图 2-36

上面这两个积木（左图是 Scratch 积木，右图为 Kitten 积木）是将 X/x 坐标设置成某一个指定的数值（这里是 100）。而图 2-37 中的积木是将现在的 X/x 坐标增加一定的数值（这里是增加 100）。

图 2-37

如果想减小 X/x 坐标，可以在这里输入负数。对于 Y/y 坐标的操作方法和效果类似。

四、大小变化动画

我们不仅可以让角色移动，还能够借助"外观"的改变角色大小的积木让角色变大或变小。

比如在 Scratch 中，我们制作一个图标特效。当鼠标靠近字母 A 时，它能发生大小变化，呈现动态效果。

第 1 步：添加一个角色"Glow – A"。

第 2 步：编写程序，代码如图 2-38 所示。

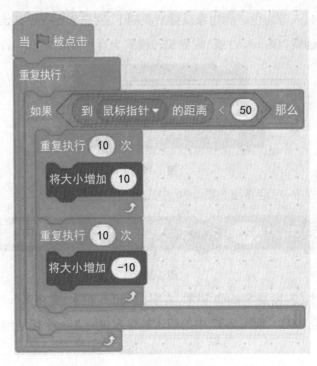

图 2-38

程序包含了一个条件判断结构,每当鼠标靠近角色"Glow－A"时,它就会先变大后变小,呈现动画的效果。

在一个重复执行 10 次的循环中,每次将角色的大小增加 10(执行 10 次后共将角色大小增加 100)。然后,在另外一个重复执行 10 次的循环中,每次将角色大小减少 10(增加 －10)。

第 3 步:执行这个程序,会看到每当鼠标靠近时,角色会逐渐变大,然后再逐渐恢复到原来的大小。

Kitten 编程工具也提供了如图 2-39 所示改变角色大小的积木,比 Scratch 多了后两个。

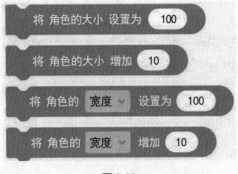

图 2-39

五、特效变化动画

类似地，我们还可以编写颜色、漩涡、亮度、虚像等特效变化的动画。这些积木都可以在"外观"分类下找到。

我们用 Scratch 工具，以颜色特效变化为例，编写一个简单的程序，如图 2-40 所示。

图 2-40

执行程序，我们发现角色会出现颜色的快速变化。

点击这个代码块的下拉菜单，可以看到有"颜色""鱼眼"等 7 种特效效果可以使用（图 2-41）。

图 2-41

Kitten 里该积木所提供的选项（图 2-42）和 Scratch 略有不同，参照 Kitten 积木功能介绍章节。我们可以尝试不同的选项，看看能呈现哪些特效。

图 2-42

六、综合动画制作实例

综合运用本章学的知识，就可以编写更加复杂的动画了。比如字母特效、按钮特效、滚动特效、切换特效等。因为复杂的动画都是由简单的动画组合而成的，任何一个复杂的动画都可以分解成多个动画效果，然后再逐个实现这些效果。

我们以编写一个雪花飘落的程序为例。

程序编写目标：雪花随机出现在舞台上方，然后开始下落，到达地面后融化消失。

首先，准备背景和角色"snowflakes"。为了更清晰地呈现雪花飘落的效果，可以选择背景颜色较深的图片作为舞台背景。

舞台上怎么才能出现很多片雪花呢？我们使用克隆指令。加入等待指令的作用是为了控制克隆的速度。我们让母体隐藏起来，就是为了让程序看起来更加清晰（图 2-43）。

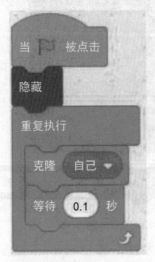

图 2-43

为了使每片雪花呈现大小不一的效果，可以将角色"snowflakes"的大小设置成随机数。

为了让雪花从舞台的上方（天空）出现，我们需要固定雪花"snowflakes"的 y 坐标，而 x 坐标设置为在 -240 到 240 之间取随机数。

为了让雪花不停地向下飘落，在舞台下方（地面）的时候消失，我们用了一个有限循环，然后让雪花消失。完整的程序代码如图 2-44 所示。

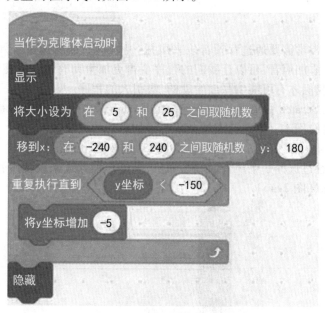

图 2-44

为了让雪花在飘落中呈现旋转的效果，添加的代码如图 2-45 所示。

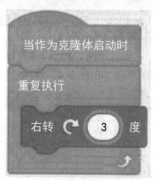

图 2-45

当然，为了增强动画效果，还可以添加背景音乐，这里略去。

第三章
给角色添加声音

　　动画或者游戏常常需要通过背景音乐来烘托一种氛围，或者通过音效来表达一种情绪或状态等。给程序添加声音，可以让我们的程序变得更加生动有趣。掌握声音积木的用法，并且灵活地运用，我们才有可能编写出生动的、吸引人的程序。

　　我们来看看在 Scratch 中怎么添加声音。在 Scratch 3.0 中，声音积木是控制音符和音频文件的播放和音量的积木。给角色或舞台背景添加声音的方法如下：

　　在"声音"标签页，鼠标放置在界面左下方的动态按钮上，会弹出一个菜单式按钮，点击不同的按钮，可以通过选择一个声音、录制、随机、上传几种方式来设置声音。这一点和设置角色、舞台背景类似（图 2-46）。

图 2-46

选择好声音后，可以试听、编辑声音，如图 2-47 所示。

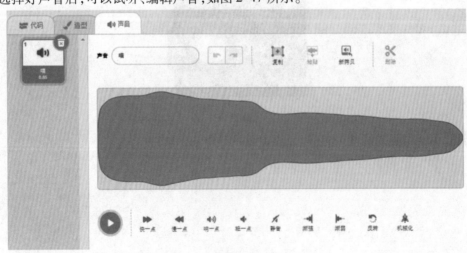

图 2-47

在这一节中,我们先通过一个演奏萨克斯的例子来展示声音积木的使用方法。

第 1 步:从背景库添加"Theater 2"作为背景。从角色库添加"Saxophone"作为角色。注意,这个萨克斯角色有两个造型:一个表示静止状态,一个表示演奏状态(图 2-48)。

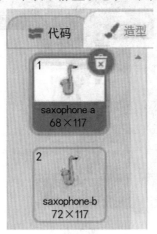

图 2-48

第 2 步:添加声音文件。选择"声音"标签页,点击添加声音按钮,从声音库中依次选择和萨克斯乐器相关的 8 个声音文件,分别是" A Sax"" B Sax"" C Sax"" C2 Sax"" D Sax"" E Sax"" F Sax"和"G Sax"。

如果想知道每个声音文件是什么内容,可以点击 ▶ 图标听一下(图 2-49)。

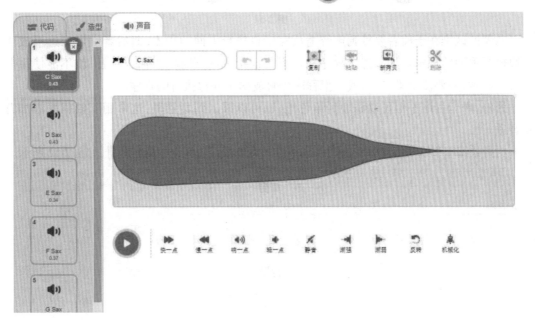

图 2-49

第 3 步:选中萨克斯角色,开始编写程序。当点击萨克斯的时候,开始演奏,切换其造型,使用播放声音积木块播放一个声音,等待 1 秒,以便切换为播放另一个声音,最后播放完毕后,把萨克斯角色的造型切换回去。程序代码如图 2-50 所示。

图 2-50

这个项目比较简单，现在让我们来运行程序，点击萨克斯角色，欣赏一下它演奏出的音乐。

声音播放积木有两个，如图 2-51 所示。

图 2-51

二者的区别在于前者要等到声音播放完毕再执行下面的积木，而后者则可以边播放声音边执行下面的积木。如果想让程序在执行其他指令的同时同步播放声音，就不能使用前面这个积木，而要使用第二个，或者把程序分解成两个并行执行的程序。

另外，声音程序不但可以添加到角色里，也可以添加到背景里，这常用于给程序添加背景音乐。

给背景编程和给角色编程是一样的，首先在舞台背景设置区选中舞台背景，如图 2-52 所示。

图 2-52

我们这里想给程序编写一个循环播放的背景音乐，程序代码如图 2-53 所示。

图 2-53

如果我们执行程序，发现程序会循环播放"啵"的声音。我们可以通过声音选择把这个音乐替换掉。

点击"声音"标签，可以选择一个声音、录制或者上传声音。当点击录制声音时，打开的窗口如图 2-54 所示。

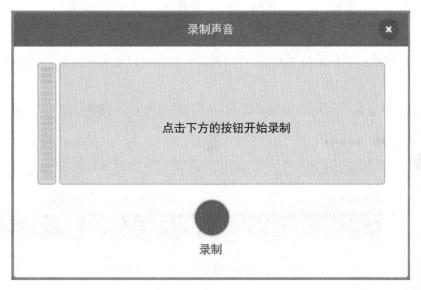

图 2-54

如果点击"选择一个声音"图标，会出现很多声音文件供选择。点击每个声音文件右上角的三角形播放图标（图 2-55），就可以试听一下声音的内容。

图 2-55

当我们选择了某个声音之后,再返回"声音"编辑界面,刚才添加的声音就出现在声音列表里面了。在声音列表里可以播放试听声音,也可以对声音进行编辑。

如图 2-56 就是选中了一段声音,然后可以进行复制、删除、粘贴等操作。Scratch 提供了简单的声音编辑功能,如图 2-57 所示。

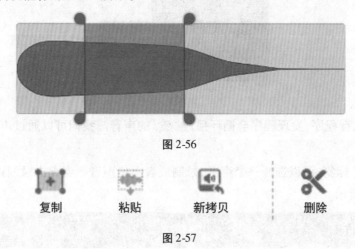

图 2-56

复制 粘贴 新拷贝 删除

图 2-57

然后我们再返回程序编写界面,在声音播放列表里可以选择刚才我们添加的声音(图 2-58)。

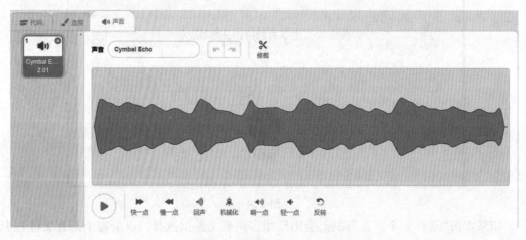

图 2-58

在图 2-58 下面还有一些工具图标,可以调节声音播放的快慢、音量,还可以将声音前后翻转、设置声音逐渐增强音效、设置声音逐渐变弱音效等。

在舞台背景添加背景音乐的程序代码如图 2-59 所示。

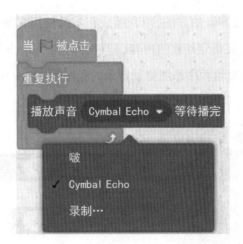

图 2-59

如果想调整音乐播放的音量，可以使用图 2-60 中的积木指令。

图 2-60

在程序中，一般背景音乐的音量都要小一些，以免影响角色的声音。我们可以分别设置背景和角色的音量吗？答案是肯定的。Scratch 中可以分别对不同角色、背景设置音量，这样我们也可以制作声音渐强、声音减弱等效果了。

比如给背景添加如图 2-61 所示的一段代码，就可以生成背景音乐渐强效果了。

图 2-61

如果想停止声音的播放，可以使用如图 2-62 所示的指令。

图 2-62

Kitten 编程工具中添加声音的方法、声音播放积木的使用和 Scratch 类似。其区别在于 Kitten 在设置音量的同时,要指定播放的内容(即声音),而 Scratch 播放声音、设置音量是用不同的积木实现的。如前面给程序添加背景音乐的程序用 Kitten 编写如图 2-63 所示(其中"春日出游"是声音名称)。

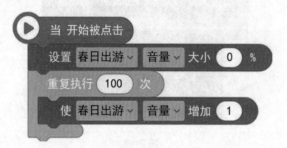

图 2-63

另外,Kitten 在"声音"类积木里还提供了语音识别、语音朗读功能,具体的使用比较简单,可以参考 Kitten 工具介绍章节。

第四章
控制角色

我们都知道借助鼠标或键盘这些电脑输入设备,通过敲击、点击、拖动等操作可以发出不同的指令,让电脑执行相应的任务。图形化编程软件也提供了我们和电脑互动的输入接口,放入事件积木内,借助编写程序可以让我们和程序进行互动。

一、鼠标控制

我们先看一下如何使用鼠标实现角色的三种基本运动类型,即自由移动、水平移动、垂直移动。

1. 自由移动

鱼儿在水中可以自由自在地游(图 2-64)。如果让鱼儿跟随鼠标,可以自由在舞台上移动应该怎么实现呢?自由移动就是鼠标光标在舞台上移动到哪里,角色就移动到哪里。从舞台角度来说,鼠标的光标在舞台移动时,是有对应的坐标位置的,也就是说角色的坐标位置和鼠标光标的坐标位置一样。

图 2-64

移动到鼠标光标位置的代码编写非常简单，因为在 Scratch 的"运动"模块指令中（Kitten 工具是在"动作"模块中，如图 2-65 和图 2-66 所示），就有一个"移到鼠标指针"的指令，直接使用该指令就好了。比如我们想让角色小猫一直跟随鼠标指针，程序代码如图 2-67 所示。

图 2-65

图 2-66

图 2-67

为什么要把"移到鼠标指针"放到一个循环里面呢？这是因为这条指令只是一个一次性动作，为了让角色一直跟随鼠标指针，用循环结构让这个动作重复进行。

另外，还有一条指令"在 1 秒内滑行到鼠标指针"也可以让角色跟随鼠标移动，区别在于鼠标的移动需要花 1 秒的时间（图 2-68）。这在制作一些特效动画时是有用的。这个值越大，角色跟随鼠标的反应速度就越慢；这个值越小，角色跟随鼠标的反应速度就越快。所以当把这个值设置为 0 的时候，它就相当于上一条指令了。

图 2-68

而 Kitten 没有提供这个积木,而是提供了另外一个类似积木(图 2-69)。

图 2-69

如果需要移动到鼠标指针、随机位置处,则需要修改坐标 x/y 的值。

我们还可以加入如图 2-70 所示的指令,让角色一直面向鼠标指针。

图 2-70

2. 水平移动

什么是水平移动？即角色在舞台中移动时,只能左右移动,不能上下移动。如轮船在水面上航行,在垂直方向上高度不会变化,只有在水平方向的位置发生变化(图 2-71)。如果想让轮船跟随鼠标移动,但轮船只会水平移动,怎么实现呢？

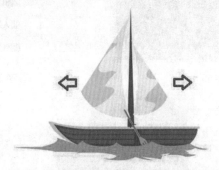

图 2-71

在 Scratch 舞台上,水平移动就是 y 坐标的值是不变的,只是 x 坐标的值跟随鼠标的移动而变化,也是一种定点移动的方式,需要使用到 Scratch "运动"模块中的

 指令。

在 Scratch 中的"侦测"模块指令中,我们可以发现有如图 2-72 所示的两个指令,这两个指令(变量)分别记录了鼠标光标所在的 x、y 坐标的值。

图 2-72

y 坐标不变，我们可以指定一个固定数值，让角色停留在某个上下（垂直方向）位置，而将 x 指定为鼠标 x 坐标，也就是让 x 坐标随着光标变化。代码如图 2-73 所示。

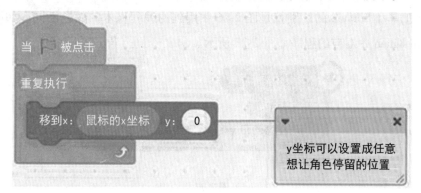

图 2-73

Kitten 工具和 Scratch 的区别就是图 2-73 中用到的编程积木的颜色不同。如图 2-73 所示的程序在 Kitten 中对应的程序如图 2-74 所示。

图 2-74

3. 垂直移动

垂直移动的原理和水平移动一样，只是方向不同，比如我们在高楼里乘坐电梯（图 2-75）。我们知道在图形化编程工具里，垂直运动就是坐标 x 保持不变，y 坐标发生变化。思路和水平移动一样，这里只是需要保证 x 坐标不变，让角色停留在某个左右（水平方向）位置，让 y 坐标值跟随鼠标光标的值而变化。代码如图 2-76 所示。

图 2-75

图 2-76

需要注意的是,我们一般不用鼠标控制两个或两个以上角色,否则就没法区分这两个角色了。但是有的场景又需要让多个角色跟随鼠标移动,在此就不再讨论了。

Kitten 工具和 Scratch 的区别就是图 2-76 中用到的编程积木的颜色不同。如图 2-76 所示的程序在 Kitten 中对应的程序如图 2-77 所示。

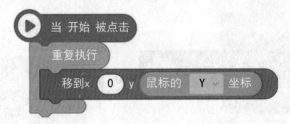

图 2-77

二、键盘控制

在游戏中,我们经常会看到通过方向键控制角色移动的情况。那么在图形化编程中应该怎么实现呢?

在 Scratch 中,运动类积木中的 将x坐标增加 10 将y坐标增加 10 可以让角色朝指定的方向移动指定的步数。

事件类积木中的 当按下 空格 ▼ 键 可以侦测到指定按键的按下,并且触发相应的动作。

以上两类积木结合起来,就可以实现通过方向键控制角色的移动(图 2-78)。

图 2-78

接下来,我们通过键盘来控制小猫的移动。如果想同时控制两个角色移动,需要分别定义不同的键盘按键,且不能重复。这里我们只控制一个角色,使用了 4 个方向按键,让小猫实现如下动作。

当按下向上方向键的时候,小猫向上移动 10 步;

当按下向下方向键的时候,小猫向下移动 10 步;

当按下向左方向键的时候,小猫向左移动 10 步;

当按下向右方向键的时候,小猫向右移动 10 步。

我们知道,角色向上移动时,x 坐标不变,y 坐标增加;角色向下移动时,x 坐标不变,y 坐标减小;角色向左移动时,x 坐标减小,y 坐标不变;角色向右移动时,x 坐标增加,y 坐标不变。

因此,我们只需要通过改变 x 和 y 的值就可以实现角色移动的效果。

完成后的代码如图 2-79 所示。

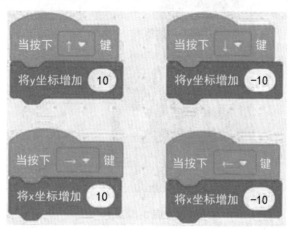

图 2-79

尝试运行程序。分别按下向上方向键、向下方向键、向左方向键和向右方向键,观察到小猫已经能够跟随 4 个键盘键按下的情况同步移动了。

为了让角色的朝向也随着调整,角色左右移动时的程序也可以按图 2-80 的方式编写。

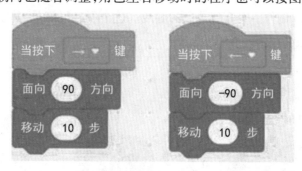

图 2-80

为了让小猫在移动的时候呈现动画效果,我们可以再写一段可以并行执行的代码,如图 2-81 所示。

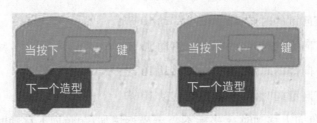

图 2-81

当然,移动也可以用别的积木实现,比如我们想让角色判断向上方向键是否被按下,如果被按下就向上移动,就可以用图 2-82 所示的代码实现。

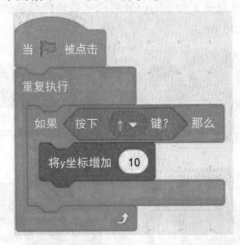

图 2-82

三、声音控制

其实声音控制是 Scratch 提供的一个检测声音响度的事件,它里面包含了对声音响度的检测。而 Kitten 并没有直接提供这个功能积木。

我们利用 Scratch 制作一个吓唬老鼠的游戏。这个项目很简单,其主要目的是掌握这个事件积木中响度积木的用法。

具体操作步骤如下。

第 1 步:新建一个角色"Mouse1"。

第 2 步:编写程序代码,如图 2-83 所示。

图 2-83

Kitten 虽然没有直接提供这个积木，但却可以通过其他积木实现(图 2-84)。

图 2-84

执行程序时我们会发现，不论是说话还是唱歌，发出的声音都能被电脑检测到，并且只要声音响度高于一个值(这里设置的是 10)，老鼠就会往前走，并且声音越大，老鼠逃走的速度越快。

ℹ️ **拓展知识**

注意，这里需要声音输入设备。

声音强弱叫作响度，响度是判断声音强弱即声音响亮的程度，它取决于音强、音高、音色、音长等条件。响度单位用 dB 表示。

Scratch 软件除了提供积木脚本和一些基本功能外，还可以通过和外界信息相结合，通过 Scratch 的衍生软件获取外界的光、温度、声音或者距离等信息。本节用到如何利用外部声音来控制角色，这是一个很有意思的功能，也是我们第一次通过外部信息来影响软件角色，对于学习编程来说，又是一个与现实生活相结合且非常直观的展现。

我们可以尝试编写其他类似的用响度控制角色的程序，比如模拟一下声控灯怎么实现其功能的，其使用方法都是一样的。

四、视频控制

同学们可能玩过体感游戏。当你在摄像头前做出各种动作的时候，可以控制游戏里的角色并跟着做出相应的动作。Scratch 也提供了类似功能，它可以调用摄像头，而摄像头能拍摄到我们的动作画面，Scratch 通过将人的动作转化成各种指令，从而控制角色执行对应指令。

在 Scratch 中我们用到的模块是视频侦测，所以将视频侦测添加到文具栏中，然后会出现视频侦测中相关的小积木块。

在 Scratch 2.0 中，视频侦测积木是和侦测积木放在一起的。考虑到初学者对于视频侦测积木比较难掌握，因此在 Scratch 3.0 中，这种类型的积木被单独放出来，放到扩展积木之中，用户可以根据自己的需要添加并使用。

图 2-85 中上面的积木块是一个启动积木，只要满足摄像头所监控到的视频运动大于某

一个幅度，就可以执行图 2-86 中的代码。它适合于执行有视频运动时需要开始执行的操作。

图 2-85

图 2-86

图 2-86 中这个积木的第一个下拉框可以选择"角色"或"舞台"，第 2 个"下拉框"可以选择"运动"或者"方向"。可见，这个积木检测到的是摄像头所捕获的视频相对于角色或舞台的运动方向，或者是相对于角色或舞台的运动幅度。这个积木块所检测到的信息常常作为一个变量，和条件判断积木块一起使用，只要视频相对角色或舞台的运动方向或幅度达到某种条件，就执行相应的操作。因此，这个积木块用法更加灵活，作用也更大。

我们看一个示例程序"打气球"，如图 2-87 所示。

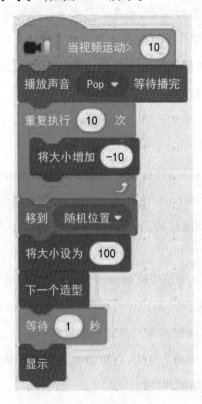

图 2-87

程序执行时,只要我们在视频摄像头前做出运动,且运动幅度大于 10 时,就会执行下面的一系列指令。

(1)气球破裂,发出声音。

(2)隐藏。

(3)在另一个随机位置显示。

由此可以看出,这里的代码逻辑还是比较简单的,也是视频积木最基本的用法。

我们再看一个程序"演奏架子鼓",如图 2-88 所示。

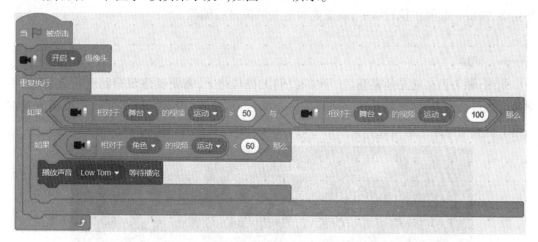

图 2-88

观察程序执行效果,我们可以发现,当点击绿色旗帜按钮的时候,首先开启摄像头,然后执行一个循环。在循环中,检测摄像头捕获的视频相对于舞台的运动方向,看这个方向是否在 50 度到 100 度之间。也就是说,运动方向是否在舞台右上部分的范围之内(因为架子鼓是在舞台的右上方位置),如果在这个范围内,继续检查视频相对于架子鼓角色的运动幅度是否大于 60,如果是的,就播放敲响架子鼓的声音。

类似的,我们可以在舞台的左上方放置一个乐器钹。当我们在摄像头前,朝着舞台左上方做一定幅度的运动,就会敲响钹,而当我们朝着舞台右上方做一定服务的运动,就会敲响架子鼓。这样不同的动作方向就会演奏不同的乐器,而这是通过"相对于角色的视频运动"积木来实现的。

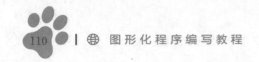

第五章
角色间互动

如果程序中出现不止一个角色,且这些角色之间需要进行互动,或者角色和舞台之间需要互动,需要一起同步执行指令,就需要对这些情况进行编程。

一、侦测

侦测,顾名思义就是侦察测量。比如我们走在马路上,需要留意观察路上行人、车辆及交通信号灯的情况,如果遇到斑马线要先停下来,等待绿灯,没有车辆再通过。车辆行驶在马路上也要侦测路上的情况和交通信号灯,及时调整行驶速度(图2-89)。

图 2-89

侦测就是判断当前角色是否碰到了另外一个角色,是否碰到了另外一个颜色,是否有按键被按下,等等,碰到了之后当前角色该做什么样的操作。

无论是 Scratch 还是 Kitten,都提供了多种侦测积木,具体可参考介绍 Scratch、Kitten 积木的章节。

1.碰触侦测

我们先做一个简单的小程序,一个角色碰到另一个角色后,另一个角色的状态发生变化,比如变大、变小或者消失。如除了已有的小猫角色外,在角色库里再选择一个新的角色——一条小鱼。同学们都知道猫咪是爱吃鱼的,那我们就设置这样的一个场景:猫咪碰到鱼之后,把小鱼吃了(小鱼消失)。

为了贴切场景,在背景库里面选择一个海底的背景,小猫在海底中捉鱼。我们在海底只设置一条鱼。先对小鱼做一些操作，如选择小鱼角色，将小鱼设置在海底并从左向右游，当碰到边缘的时候就翻转，即掉头回游。用到的积木有运动功能模块，鱼儿被捉到后会发生状态变化，那么外观模块下的积木也会用到。事件模块必须有，因为它是一个功能的开始。控制模块是用来对角色做一些逻辑处理。

小鱼的游动设置很简单，如图 2-90 所示。

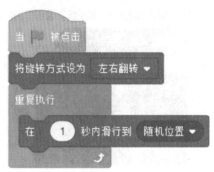

图 2-90

当点击小绿旗之后，小鱼就会游来游去了。但是，小鱼被小猫碰到之后要隐藏，所以在小鱼游来游去之后要加一个判断的代码，就是侦测模块，被碰到之后隐藏。因此，需要再添加代码，如图 2-91 所示。

图 2-91

想一下为什么要用一个循环结构？因为如果没有循环结构，角色"小鱼"只会在绿旗被点击的那一瞬间检测到有没有碰到角色"小猫"。

设置好之后可以用鼠标拖动小鱼到小猫的位置，看看是否消失。我们在编程时要养成好的习惯，实时对代码的执行情况进行测试，看看自己选的积木是否能实现自己想要的效果。

需要注意的是，如果程序在执行过程中被隐藏了，那么 Scratch 文件会记得这个隐藏状态，当再次打开程序的时候，除非点击"显示"，或者运行一次"显示"积木，否则角色就显示不出来。因此，我们要养成一个习惯，如果角色在程序中被隐藏，程序刚开始的时候角色又是显示的，需要在程序开始时添加如图 2-92 所示的代码。

图 2-92

碰撞侦测可以侦测到当前角色和鼠标指针、舞台边缘及其他角色有没有碰撞（图 2-93）。

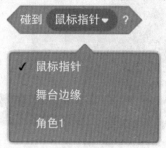

图 2-93

对于舞台边缘，这里需要说明的是在运动积木里如图 2-94 中的积木。

图 2-94

其实这是一个包含了条件判断、碰撞侦测的指令，相当于图 2-95 中的指令。

图 2-95

有时候两个角色不一定碰触，我们也可以对这两个角色的距离进行侦测。比如我们编写一个小猫"Cat"遇到小狗"Dog1"后打招呼的程序。两者距离小于 50 时，小猫"Cat"才会说"你好！小狗"（图 2-96）。

图 2-96

2. *颜色侦测*

我们编写一个小猫不能穿越围墙的程序。

首先，我们先绘制一个角色"围墙"。注意围墙的颜色是黑色的。

其次，我们编写一个能用键盘控制的行走的猫（图2-97）。这个程序我们已经学过，这里略去。

图2-97

当我们让小猫移动的时候，如果碰到围墙，小猫是没法穿越过去的。因此，小猫就不能继续往前走，我们可以用如图2-98所示的积木来实现。

图2-98

用鼠标点击颜色区域，就会出现一个对话框，我们可以选择不同的颜色（图2-99）。

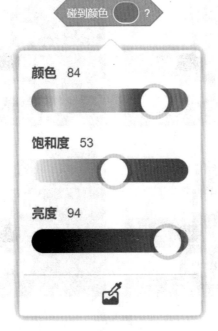

图2-99

如果不是很确定选哪个颜色，可以点击最下面的图标 ，在舞台上任意选取一个颜色。

比如这个程序,我们就要用放大镜把鼠标放到围墙上,选中黑色(图2-100)。

图 2-100

程序代码如图 2-101 所示。

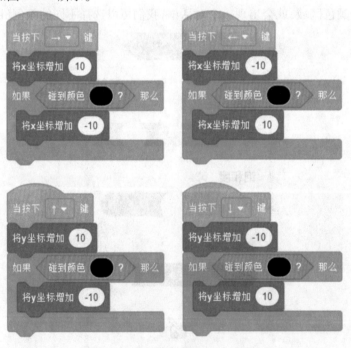

图 2-101

另外,颜色侦测还有一个积木,侦测一个指定颜色是否碰到另外一个颜色(图2-102)。

图 2-102

3. 鼠标和键盘侦测

我们点击鼠标时电脑会做出反应，如我们按下电脑键盘，一个个字母就显示出来了，其实这些都是电脑程序自身的侦测功能在起作用（图2-103）。

图 2-103

在 Scratch 中，编写好的程序同样也可以侦测鼠标或键盘的动作，并据此做出反应。

如图2-104 中的代码可以判断某个键盘按键是否被按下，如果是，然后执行定义的一些动作。

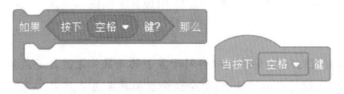

图 2-104

图2-104 后面的这个积木虽然属于事件类积木，但是由于它实质上包含了侦测功能，因此这里也列出来。

如图2-105 中的代码可以判断鼠标是否被按下，如果是，就执行定义的一些动作。

图 2-105

有的时候我们需要控制角色的活动范围，比如小猫在路上走，不能钻到地平面下方。这该怎么实现呢？假如地面对应的水平线的 y 坐标是50，代码则是让角色始终位于水平线的上方；如果角色 y 坐标小于50，那么就将 y 坐标设为50，代码实现如图2-106 所示。

图 2-106

如果角色（指角色的中心点）距离鼠标指针小于10，则开始右转，实现代码如图2-107所示。

图 2-107

如果当前角色被点击，那么执行定义的动作（这里举的例子是隐藏），代码如图 2-108 所示。

图 2-108

积木"当角色被点击"同样属于事件积木，但包含了侦测功能。

 注意

无论在 Scratch 里还是 Kitten 里，软件对于点击的是鼠标左键还是鼠标右键不区分，也就是说无论是用鼠标左键还是右键点击，都会认为鼠标被点击了。

4. 背景侦测

如果舞台背景发生变化，也可以定义对应的动作，也就是说背景的变化可以被侦测到。Scratch 在事件积木中提供了一个事件类的积木，它包含了对舞台背景变化的侦测。举例如图 2-109。

图 2-109

而 Kitten 则提供了一个可以监测屏幕切换的事件类积木，如图 2-110 所示。

图 2-110

具体应用请参考场景切换章节。

5. 交互侦测

我们通过一个程序编写的例子就可以理解交互侦测了。

比如我们想编写这样一个程序：程序开始，会提问一个问题"密码是什么？"然后等待键盘输入，就会出现一个对话框，让用户输入（图 2-111）。

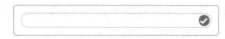

图 2-111

当输入后，程序会进行判断，如果密码是"123456"就提示回答正确，否则提示回答错误。这里就用到了交互积木，系统会提出问题，并等待用户的输入（图 2-112）。用户输入的结果会保存在变量 回答 里，这个变量是可以直接引用的。

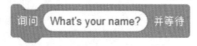

图 2-112

完整的程序如图 2-113 所示。

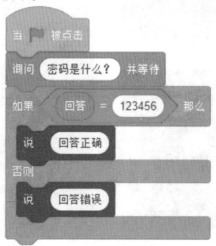

图 2-113

同学们可以看到，侦测积木通常是和判断积木一起使用的，如果侦测的情况满足条件，那么就执行对应的定义动作。

还有其他侦测积木，由于使用得不多，可以参考相关积木功能讲解。

6. 时间侦测

如图 2-114 虽然是事件积木，但它其实包含了一个可以检测计时器是不是超过设定值的侦测功能。

图 2-114

它相当于图 2-115 中的代码。

图 2-115

我们举一个应用计时器来编写程序的例子：程序能够区分鼠标是单击还是双击，因为图形化编程工具并没有提供侦测鼠标单击还是双击的积木。首先我们要设置两个变量：鼠标点击次数、双击鼠标指示。

如果角色被点击，那么变量"鼠标点击次数"增加1，同时开始计时，如果在0.5秒内鼠标再次被点击，则认为是进行了双击鼠标操作，否则就认为是两次独立的单击鼠标。

程序如图2-116、图2-117所示。

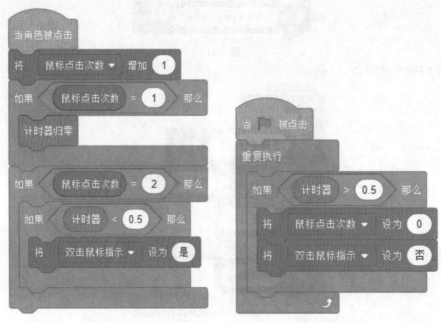

图2-116   图2-117

除此之外，图2-118中的积木虽然以变量形式出现，但其实也包含了侦测功能。

图2-118

这些积木应用比较少，就不一一介绍了，注意这些积木需要配合其他积木使用。

二、广播

在一个图形化编程作品中,背景和角色往往能够通过各自的脚本独立地完成自己所要做的事情。可是背景和角色间,或是角色和角色间在面对只有相互合作才能完成的事情时,我们就需要通过广播来实现了。

我们在学校做广播体操就是使用广播的一个很好的例子。通过广播音乐,老师可以通知位于不同教室的同学们一起同步做广播体操(图 2-119)。

图 2-119

在 Scratch 中,也可以使用广播让不同角色或者角色和背景同时执行指令。

背景或任何一个角色,都可以通过图 2-120 中的积木块向其他角色或背景发送消息。

图 2-120

选择"消息 1"后,出现如图 2-121、图 2-122 所示的菜单,可以新建一个消息。消息需要有明确恰当的名字。

图 2-121

图 2-122

　　这里我们先随便选择一个人物角色，然后编写程序发送一个消息，比如"跳"（图2-123）。

图2-123

　　和这个消息有关的角色（这里是小猫）则需要使用图2-124中的积木块，在接收到广播后做出相应的反应。

图2-124

　　程序的执行效果如下：当程序开始3秒后，人发出"跳"的消息，小猫就会执行一个"跳"的动作（图2-125）。

图2-125

　　如果在一个Scratch作品中，我们需要发送多条广播消息，一定要注意接收广播信息的准确性。

为了区分每一条消息，我们可以对广播的消息进行准确的命名，然后编写程序，让角色对应每一条消息执行相应的动作。

注意图 2-126、图 2-127 两个积木的区别。

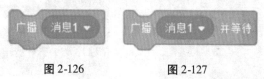

图 2-126   图 2-127

对于图 2-127 中的积木消息发出方的角色，会等消息接收方的动作执行完毕，才会接下来执行其他指令。

第六章
产生多个角色

如果想在舞台上出现多个相同的角色怎么办呢？大家首先想到的是使用角色的"复制"功能。复制角色后，点击新复制的角色，会发现原来角色的程序代码也被复制过来了。

但是如果再需要更多的相同角色怎么办？一直复制下去既费力，又不方便管理。其实在图形化编程中，我们可以使用"克隆""分裂""图章"积木。这些积木怎么使用，有什么区别，接下来我们逐个进行学习。

一、克隆

1. 什么是克隆

克隆就是复制一个同样的自己，任何角色都能使用克隆积木创建出自己或其他角色的克隆体，甚至连舞台也可以使用克隆。

一提起克隆技术，大家可能会想起克隆羊"多利"。图形化编程里的克隆与一般意义上的克隆有相似也有不同，接下来我们一起来体验一下克隆积木的使用效果。

无论是 Scratch 还是 Kitten，都提供了三个和"克隆"有关的积木，其用法完全相同。我们以 Scratch 为例，与"克隆"有关的积木如图 2-128 所示。

图 2-128

如果我们给角色小猫编写如图 2-129、图 2-130 所示的程序，就可以克隆出 5 个小猫克隆体，包含原先的小猫在内，舞台上共有 6 只小猫。

图2-129

图2-130

程序执行效果如图2-131所示。

图2-131

需要注意的是，克隆复制的是一个不含程序代码的角色，克隆的是当角色被克隆那一刻的状态，不同时刻克隆出来的是不同状态的克隆体。不同时刻克隆出来的"克隆体"，它们定格的动作和方向都是不同的。每个"克隆体"克隆的都是"本体"不同时刻的外观颜色。

由于克隆体不会克隆本体的脚本积木，如果想要让克隆体运行，就需要用到"当作为克隆体启动时"积木，积木下方所连接的脚本就是克隆体的脚本，并且是所有克隆体都运行这些脚本。

 注意

在克隆积木的使用中，需要注意以下两点。

（1）当克隆发生的那一刻，克隆体会继承原角色的所有状态，包括当前位置、方向、造型、效果属性等。

上面的程序如果不让每个克隆体移动到随机位置，那么所有的克隆体都将和小猫本体重合显示，即位置、大小等完全一样。

（2）克隆体也可以被克隆。即当我们重复使用克隆功能时，原角色和克隆体同时被克隆，角色的数量是呈指数级增长的。这在某些特殊编程场景下需要用到。

在编程中，当需要大量相似的角色完成相似的任务时，建议主动考虑使用克隆技术。

实践需求是复杂的，也是灵活多变的。实践中可以创建不同的克隆体，从而创建功能更强大的游戏、创新创意小程序等。

另外在使用克隆的时候，经常要配合其他控制积木使用，用以控制克隆的速度，不然舞台上很快就会出现很多克隆体。比如程序图2-132就利用等待积木控制了克隆的速度。

图 2-132

这里的等待时间可以是固定的数值，也可以根据程序需要设置成变量，或者取随机数。

比如我们在编写程序的时候，在开始时游戏难度一般都比较小，如果得分点（比如怪兽）是克隆体，克隆体的克隆速度可以慢一些。如果玩家的游戏得分大于一定的分值，就需要加大程序难度，这时可以减小克隆的间隔时间。

2. 克隆体的区分

这么多克隆体，怎么进行区分呢？可以先创建一个私有变量，再将本体角色隐藏起来。

每次克隆，都让私有变量的值增加1，也就是给克隆体进行编号。因为私有变量仅对当前角色有效，当本角色被克隆的时候，私有变量也会被一起克隆。所以当前私有变量的值就可以作为当期克隆体的编号。

接下来我们看一下怎么通过私有变量区分克隆体。

新建私有变量，命名"克隆体编号"，如图2-133所示。

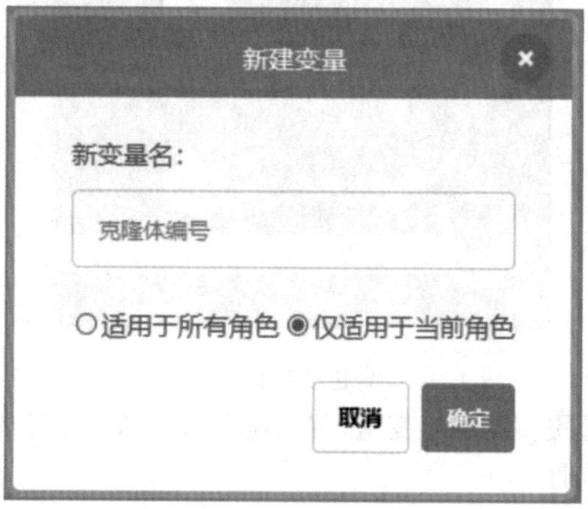

图 2-133

记住：这里要选择仅适用于当前角色。

图 2-134 中的程序就产生了 3 个克隆体，并且分别给每个克隆体进行了编号，编号分别是 1、2 和 3。

图 2-134

而在实际使用克隆体时，可以对不同克隆体分别进行设置，这样就可以独立控制每个克隆体的运动（比如位置移动、方向变化、颜色变化等）了（图 2-135）。

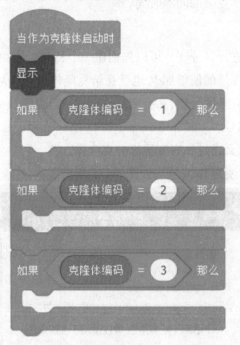

图 2-135

根据需要还可以设置更多的私有变量，例如速度、方向等，克隆体具有自己独立使用，不被其他任何东西访问的属性。

ℹ 拓展知识

克隆这个指令在图形化编程中用处挺大的，但是在用的过程中也会出现一些问题，比如克隆体在到达一定数量之后会停止继续克隆。这是因为克隆体是有个数限制的，是 300 个。

如何去测？当克隆体启动时，用一个初始化为 0 的变量，每克隆一次，增加 1，最后观察变量的数据。

解决办法：克隆出来的克隆体在完成克隆体的代码后应该及时删除。

原因分析：克隆出来的角色有时也会有较多的代码量，短时间内如果有太多的克隆体出现会消耗极大的计算机内存，如果没有克隆限制，计算机容易因为资源消耗过多而死机。

下面我们来看一个利用克隆积木来实现一串星星跟随鼠标移动的动画特效。

先导入角色"Star"，如图 2-136 所示。

图 2-136

程序运行时，我们希望星星跟随鼠标指针，因此我们编写如图 2-137 所示的代码。

图 2-137

当鼠标在屏幕上移动时，如果想让鼠标后面跟随一串小星星，并且呈现亮度逐渐降低的效果，那么可以添加如图 2-138 所示的积木。

图 2-138

整个程序的运行效果如图 2-139 所示。

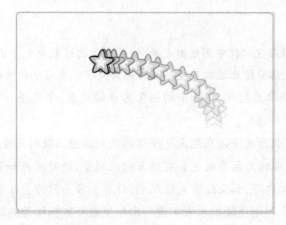

图 2-139

二、分裂

1. 什么是分裂

分裂是 Kitten 特有的一个功能积木。如果角色执行了分裂积木，除了会复制角色外形，还会继承原角色的积木，将角色的所有代码都复制一遍，并将分裂体分裂到设定的坐标位置。也就是说，本体做什么，分裂体就做什么。

因为所有的分裂体都会不断执行分裂模块，形成可怕的指数型增长，增长爆炸会导致页面直接崩溃。因此，建议在背景中分裂其他的角色，而不要在角色中直接使用分裂积木。

接下来我们来做一个小程序看一下分裂积木的使用方法。

首先，导入背景"沙漠遗迹 2"和角色"仙人掌"。

其次，给角色"仙人掌"编写程序，让仙人掌动起来，如图 2-140 所示。

图 2-140

最后，给背景编写程序，控制在 $y = 0$ 的水平线上出现的除本体之外的另外 4 个仙人掌，并且仙人掌和本体一样都有动画效果，程序如图 2-141 所示。

图 2-141

2. 分裂、克隆和图像印章的区别

讲到这里不得不提一下，在画笔积木里有图像印章积木，它的功能是将角色作为印章，把角色图案印在舞台上。但是它和克隆体、分裂体是有区别的。

（1）图像印章与用画笔画出来的图像是一样的，既不包含脚本，也不能移动。

（2）图章印出来的图案不会影响程序运行性能。

（3）图像印章印出来的图案不受角色本体外观变化的影响。

如果给角色"仙人掌"编写如图 2-142 所示的程序。

图 2-142

执行程序时我们会发现，虽然"仙人掌"本体颜色会不停地发生变化，但是屏幕上随机出现的印章一直都是原来的颜色。

因此，克隆与分裂的区别就是，克隆不会继承角色本体的脚本积木，而分裂会继承本体所有的脚本积木。

如果你想要让复制出来的角色能运行与本体一样的脚本，那么使用"分裂"是最方便的；反之，如果你想要让复制的角色与本体执行不一样的脚本，那么选择"克隆"会更方便一些。

不管是分裂还是克隆，不再使用克隆体的时候，都应该用"删除自己"，把克隆体及时删除，以免造成程序运行时不必要的资源消耗。

第七章
场 景 切 换

在生活中，我们都身处不同的环境，早上起床后要去学校，上课在教室，课间活动去操场，等等，如图 2-143 所示。

图 2-143

在程序中也是这样,我们可以为角色设置不同的舞台背景。舞台背景的切换也可以作为触发事件,控制角色执行对应的动作。

在 Scratch 中,控制舞台背景切换的积木指令有两个,如图 2-144 所示。

图 2-144

当舞台背景发生切换时,触发对应的动作指令,这个事件指令如图 2-145 所示。

图 2-145

另外,可以引用舞台背景的编号,然后再编写对应的程序(图 2-146)。

图 2-146

比如图 2-147 中的程序,当背景编号是 2 时,执行一系列指令。

图 2-147

我们以编写一个程序为例,学习一下背景切换相关的积木。

第 1 步:添加一个角色小猫"Cat"和背景"Baseball 1""Basketball 1"和"Hall"(图 2-148)。

图 2-148

第 2 步：编写代码。

我们希望程序开始当小绿旗被点击时，背景换成"Baseball 1"。在背景添加代码，如图 2-149 所示。

图 2-149

等待 2 秒之后，换成背景"Basketball 1"，如图 2-150 所示。

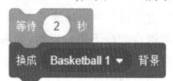

图 2 150

再等待 2 秒之后，换成背景"Hall"，如图 2-151 所示。

图 2-151

当背景是"Baseball 1"时，小猫说"这里是棒球场"。所以需要给角色"Cat"编写代码，如图 2-152 所示。

图 2-152

当背景是"Basketball 1"时,小猫说"这里是篮球场",对应代码如图 2-153 所示。

图 2-153

当背景是"Hall"时,小猫说"这里是走廊",对应代码如图 2-154 所示。

图 2-154

通过以上例子可以看出,我们可以像给角色换造型一样切换舞台背景。当舞台背景变化时,可以定义一些相应的动作。在需要舞台背景和角色之间进行互动时,这个看似简单的功能对我们编写程序非常有用。

下面我们再举一个背景变化和角色互动的例子。

假如我们设计一个开小汽车的程序,街道背景是由多个连续图片组成,这样当背景切换的时候,才能让画面看起来流畅自然。

当小汽车开到最上边时,就要切换到下一个背景了,同时小汽车这个角色的位置也需要同步调整,从舞台的最上方移动到舞台的最下边。当然,如果小汽车移动到最左边时,就要切换成另外一个背景。同理,如果移动到最右边时,也要切换成一个不同的背景。这些背景之间的衔接需要事先精心设计好(图 2-155)。

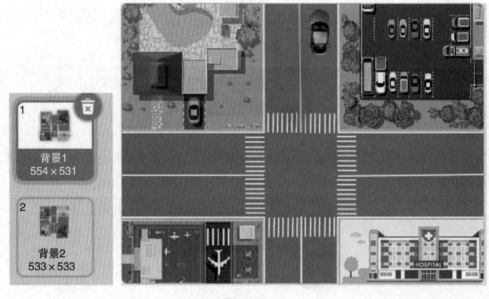

图 2-155

示例程序如图 2-156 所示。

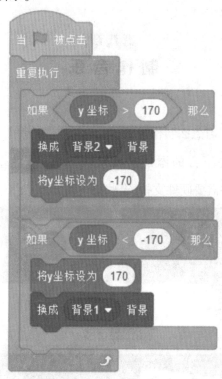

图 2-156

小汽车向上行驶到舞台最上边时，背景实现了切换，执行结果如图 2-157 所示。

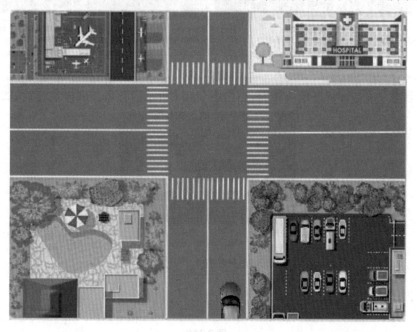

图 2-157

第八章
制作音乐

我们以 Scratch 为例,学习怎么制作音乐。

点击 Scratch 主窗口左下方的添加扩展模块按钮 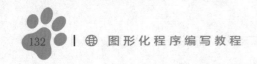,可以加载其他拓展模块(图 2-158)。这些模块有些需要硬件支持,有些则不需要。

图 2-158

按照上述方法打开扩展模块界面,点击图 2-159 所示的音乐扩展模块,就添加成功了。

图 2-159

添加成功后,在左侧的积木区就可以看到我们新加入的模块及包含的积木了(图 2-160)。

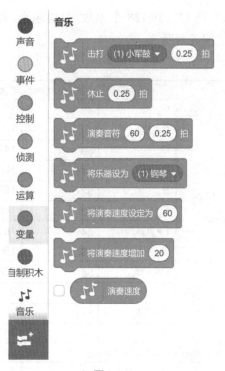

图 2-160

音乐积木的主要功能是设置演奏乐器和演奏音符，这样就能出来美妙的音乐。

音乐与声音是不一样的，声音是做好了的音乐，我们只要在恰当的时候播放就行了，而音乐更多的是要我们去编制曲目。

我们这里以弹奏类乐器为例讲一下音乐积木的使用。

与敲击类乐器相比，弹奏类乐器积木要复杂一些，根据我们现实生活中的经验就能理解这一点。因为敲击类乐器鼓只有鼓点节奏，而钢琴、吉他之类的乐器，除了节奏还有高低不同的音符。

我们先设置演奏乐器。我们发现常见的琴、弦乐、吹奏乐器都可以找到，还有并不能称为乐器的唱诗班、音乐盒、合成长音等。通过多种乐器的配合使用，我们就可以制作一个简单的交响乐小程序了。

选择好乐器（设置乐器）后（图 2-161），就可以开始弹奏了。积木的第一个输入框可以下拉选择，也可以直接输入，它的作用是选择音符（note），即"多来米发梭拉西"（图 2-162）。

图 2-161　　　　　　　　　　　　图 2-162

第二个输入框用来设置演奏这个音符所用的节拍数（beats）。

那么，这两个参数应该怎么填写呢？

音符参数:它的值是从 0 到 127,共 128 个整数,数值越小,音频越低。表 2-1 是官方列出的最常用的音符与数值之间的对照表。

表 2-1

Clef	Note	MIDI number	Frequency
Bass	C_3	48	131 Hz
	$C\#_3/Db_3$	49	139 Hz
	D_3	50	147 Hz
	$D\#_3/Eb_3$	51	156 Hz
	E_3	52	165 Hz
	F_3	53	175 Hz
	$F\#_3/Gb_3$	54	185 Hz
	G_3	55	196 Hz
	$G\#_3/Ab_3$	56	208 Hz
	A_3	57	220 Hz
	$A\#_3/Bb_3$	58	233 Hz
	B_3	59	247 Hz
Base and Treble	C_4(middle C)	60	262 Hz
Treble	$C\#_4/Db_4$	61	277 Hz
	D_4	62	294 Hz
	$D\#_4/Db_4$	63	311 Hz
	E_4	64	330 Hz
	F_4	65	349 Hz
	$F\#_4/Gb_4$	66	370 Hz
	G_4	67	392 Hz
	$G\#_4/Ab_4$	68	415 Hz
	A_4	69	440 Hz
	$A\#_4/Bb_4$	70	466 Hz
	B_4	71	494 Hz
	C_5	72	523 Hz

表 2-1 不是很直观,Scratch 提供了更人性化的积木使用方法。点击三角形下拉按钮,会有惊喜,出现一个直观的小键盘,如图 2-163 所示。

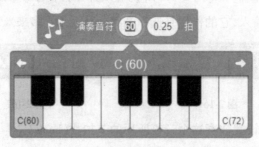

图 2-163

节拍参数：其值可以是小数，也可以是整数。具体填什么，要根据乐谱决定。

休止符：如图 2-164 所示。

图 2-164

乐谱中除了发出声音的音符，还有控制间歇停顿的休止符。休止符就是等待一定的节拍数，并且不发出声音。

演奏速度：如图 2-165 所示。

图 2-165

演奏速度的单位是 beats per minute，即一个节拍 beat 的秒数，默认 bpm 值是 60，也就是每个节拍 1 秒。想让音乐演奏得快一点，就把 bpm 调大，反之亦然。

举个例子，图 2-166 是《两只老虎》的音乐简谱。

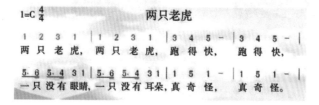

图 2-166

对照前面的音符参数表，由于整个乐谱有部分重复，因此，我们可以把它分为 4 个部分，每个部分都重复 2 次。

程序开始，先选定乐器和演奏速度（图 2-167）。

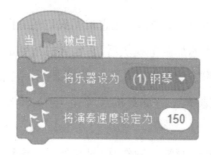

图 2-167

接着，我们用一个有限循环来播放 4 个部分，如图 2-168 所示。

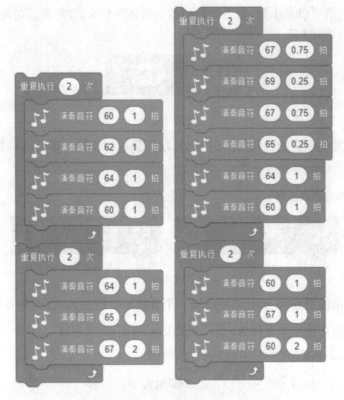

图 2-168

第九章
画 图

我们也可以用图形化编程软件来画画，让它根据我们的意图来绘制美丽的画面。

以 Scratch 为例，在软件中添加画笔模块后，它包含的指令也就显示在积木区域了。

同学们想想，画画需要哪些材料呢？对了，一张图画纸，一支画笔，还有各种颜料。

在 Scratch 中，图画纸就是舞台，这张纸的尺寸是 480×360。画笔和颜料都由具体的语句来控制。

图 2-169 中的积木用来控制画笔的动作：抬起或落下。这和我们平时画画是一样的。

图 2-169

图 2-170 中的积木用来清空图画纸，擦掉原来所有的内容。一般在程序开始时都需要执行这个积木。因为程序如果已经运行过，之前画笔画出的图形会遗留在舞台上。

图 2-170

而图 2-171 中的积木可以选择颜色或者设定颜色编号。

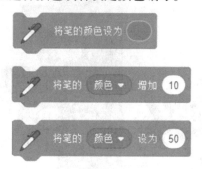

图 2-171

在 Scratch 中，每一种颜色都被赋予一个特定的编号。比如 0 代表红色，70 代表绿色，130 代表蓝色，等等。

图 2-172 的积木用来设定或者改变画笔的粗细。

图 2-172

通过这些积木，我们就可以在图画纸上任意绘画了。

我们再想象一下，画画需要我们拿着画笔在纸面上运动，从左到右，从上到下。为了让程序里的画笔也能在纸面上绘制出线条，我们也需要配合运动栏中的相关指令来控制画笔的动作，通过改变角色的朝向来控制绘制的方向。

下面我们具体看一下怎么画圆、三角形、正方形、五边形。

圆的绘制相对简单一些，重复执行 360 次，落笔，运动 10 步，右转或者左转 1 度，画笔的粗细自行设置即可。程序的执行效果和程序代码如图 2-173 所示。

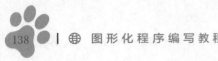

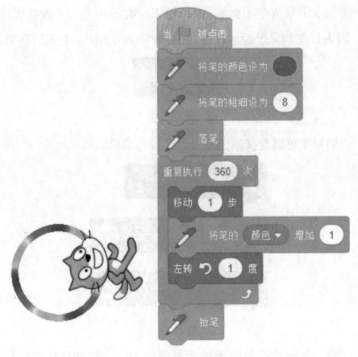

图 2-173

画三角形的重点是每次让角色左转 120 度。我们都知道等边三角形的一个内角是 60 度,但是为什么我们要左转 120 度呢? 我们左转的其实是三角形内角的外角,正好是 120 度。执行效果如图 2-174 所示。

图 2-174

我们再画一个正方形,核心程序和执行效果如图 2-175 所示。

图 2-175

第十章
模拟物理运动

大家在玩游戏时经常会看到人物可以在平面上行走，也可以跳到较高的物体上，而如果走到有一定高度的物体边缘的时候，则会从上面掉下来。学过物理学常识的人都知道，这是重力在起作用。那我们在程序编写中怎么来实现类似这样符合物理规律的效果呢？

Kitten 中提供了物理类积木，运用这些积木，我们就可以很简单地实现多种效果。当然，Scratch 等其他编程工具也可以实现，只是它们没有直接提供相应的积木，所以需要我们通过编程实现，比较复杂。

下面我们以一个简单的例子，学习在 Kitten 中怎么实现人的跳跃、在物体上行走及跳下来的特效效果。

第 1 步：导入背景"天空"和角色"阿短走路"（图 2-176）。

图 2-176

第 2 步：我们先编写用键盘控制人物移动的程序。我们希望按下"向左方向键""向右方向键"时人物能够向左、向右移动。这很容易实现，用我们学过的移动积木就可以，如图 2-177所示。

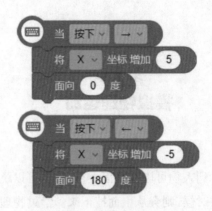

图 2-177

第 3 步：当人物角色移动的时候，背景也要相应地移动，这样符合物理学规律，因此可以对舞台背景编写程序，如图 2-178 所示。

图 2-178

第 4 步：绘制新角色方块并复制，分别命名成"方块 1""方块 2"，移动到舞台上高于舞台下边缘的不同位置。

第 5 步：如果没有开启物理引擎，角色是不会有重力的，因此我们需要使用"开启物理引擎"积木，并且设置好物理边界。

所谓的物理边界类似于地面，比如我们站在地球上，如果没有其他物体支撑，最终都会落到地面上。

这部分程序代码如图 2-179 所示。

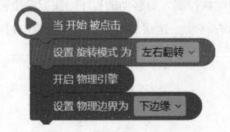

图 2-179

第 6 步：接下来，我们让人物角色跳起来。我们如果想跳起来，必须要往上用力，以便获得一定的向上加速度。在程序编写时也是这样，需要给人物角色一定大小的力，并且设置力的方向向上，对应程序如图 2-180 所示。

图 2-180

第 7 步：我们点击按钮图标运行程序，可以看到这时候人物已经可以灵活地跳到方块上，并且能在方块的边缘跳下来了（图 2-181）。

图 2-181

我们再做一个足球从高处落到台面上，然后弹跳到地面上的效果动画。

第 1 步：导入背景"天空"、角色"足球"、角色"台面"（图 2-182）。

图 2-182

第 2 步：将角色"台面"移动至靠近舞台中间的位置，将角色"足球"移动到台面上方。

第 3 步：给角色"足球"添加代码，如图 2-183 所示。

图 2-183

第 4 步：点击运行，我们可以看到足球落下碰到台面后，会弹跳起来，然后弹跳到地面上，就像一个真实的足球，非常逼真（图 2-184）。

图 2-184

有了物理积木，我们就可以用简单的积木实现复杂的效果。这是 Kitten 工具的一个亮点。

第三部分

图形化编程：进阶篇

第一章
程 序 结 构

所有主流编程语言的算法执行结构都会包含以下 3 种结构。

（1）顺序结构（图 3-1）。

（2）选择结构（图 3-2）。

（3）循环结构（图 3-3）。

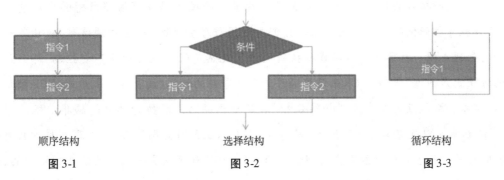

顺序结构	选择结构	循环结构
图 3-1	图 3-2	图 3-3

下面我们依次讲解以上 3 种结构。

一、顺序结构

在顺序结构中,各指令是根据自上而下的顺序执行的。执行完上一个指令,就自动执行下一个指令,指令的执行是无条件的。

图 3-4 中代码的执行顺序如下。

第 1 步:执行"移动 10 步"的指令。

第 2 步:执行"等待 1 秒"的指令。

第 3 步:执行"移动 20 步"的指令。

图 3-4

程序的运行将按照从上到下的顺序依次执行,这就是上面说的顺序执行结构。

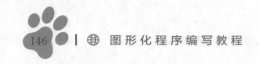

我们可以在 Scratch 软件里分别拖动这三个积木到程序区，观察程序的演示效果。

之所以加入"等待 1 秒"这个积木，是因为在执行上面代码的时候可能看不到角色是根据什么顺序执行的动作——计算机在处理指令的时候速度太快了，以至于我们还没来得及看清楚它就已经执行完了。

ℹ 拓展知识

对于一个角色或一段代码而言，只需要按照顺序执行指令就行了。如果同时有多个代码或多个角色，每个代码或角色都会同时执行。在执行过程中就很容易出现所谓的异步代码执行不同步问题。比如逻辑明明是通顺的，但是执行结果却不符合预期。又如两段代码完全一模一样，但是结果却大相径庭。这极有可能是代码的执行顺序没有得到控制。也就是说，看似同时执行的代码，实则是有先后顺序的。两段代码没有按照预想的先后顺序执行，导致程序初始化时出现漏洞。这时我们要利用程序调试方法，逐步调试程序，让不同角色间的代码或同一个角色的不同代码执行同步。既然是代码执行顺序不受控制，那么最简单的方法就是通过"等待"积木来调整顺序。至于等待的时间，设置成 0.1 秒或 0.01 秒都可以，也可以将数值设为 0 秒，即"等待 0 秒"。两段代码的先后执行顺序间隔非常短，"等待 0 秒"的积木足以改变其顺序。因为"等待 0 秒"积木执行时会刷新屏幕，而刷新屏幕相对来说耗时较长。很多初学者经常会遇到这样的问题：有的程序点击一次是无法正常运行的，第二次点击才会正常。大多数情况就是这个原因。如果再次遇到类似这样的情况，就要好好考虑是不是由于没有控制好代码的先后执行顺序而导致初始化漏洞。

二、选择结构

很多时候，我们需要判断一个条件是否成立，然后再根据判断的结果来确定要执行的操作。如放学回家后，先要看作业是否完成了，然后再决定做什么。如果没有完成作业，就要打开书包写作业，如果作业完成了，就可以和小朋友玩了。这种情况下我们就需要用到条件逻辑。

在图形化编程工具中，可以通过"控制"类积木中带嵌入条件的积木来实现。条件在这些积木中是一个棕色的六边形，如图 3-5 所示。在软件开发的流程图当中，通常使用菱形或六边形来表示判断。在 Scratch 中，如果条件成立，则结果为真(true)；如果条件不成立，则结果为假(false)。

图 3-5

一共有 4 种带有条件逻辑的积木，我们依次来看看。

如图 3-6 的积木，只有六边形中的条件成立，才会执行其中包含的语句，否则将忽略条件判断里面的指令。比如图 3-6 的代码执行结果中"我的变量"的值仍为 0。

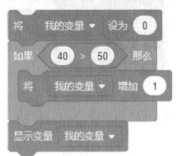

图 3-6

而图 3-7 的积木中，当六边形中的条件成立时，执行"那么"后面的代码；当条件不成立时，执行"否则"后面的代码(图 3-7)。

图 3-7

所以图 3-8 的程序执行结果中"我的变量"的值为 2。

图 3-8

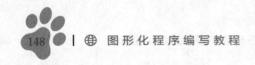

而图 3-9 中的这个积木将会执行等待的事件,直到等待事件完成再执行后面的代码。

图 3-9

因此,图 3-10 的程序执行后,角色会先换成名称为"造型 1"的造型,然后直到按下空格键,它的造型才会换成名称为"造型 2"的造型。

图 3-10

图 3-11 中的这个积木是包含了循环和条件判断的积木。如果条件满足,那么循环结构内的积木将不再会被执行。

图 3-11

因此,图 3-12 的程序执行结果中"我的变量"的值为 11。

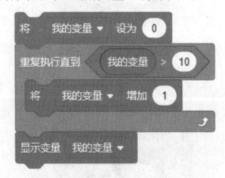

图 3-12

另外,我们可以嵌套循环和条件指令形成复杂的控制逻辑结构,来满足我们的编程需求,可以参考本书中的综合编程实例。

三、循环结构

日常生活中有可能会遇到需要重复处理的问题。比如英语老师要求把每个单词抄写10 遍,体育老师让同学们围绕操场跑 5 圈,等等。编程中也会遇到类似的问题,比如让角色重复地执行相同的指令，比如让角色不断移动、不断旋转、不断变大。

要处理这类问题，我们可以重复编写相同的指令来实现。比如让角色连续 5 次右转 15 度，可以按图 3-13 的方式编写。

图 3-13

但这种方法不可取，因为它代码长、工作量大、不容易阅读。图形化编程工具提供了循环控制指令来完成这样的工作(图 3-14)。

图 3-14

在控制区里有如图 3-15 中几种结构的代码块，这 3 种结构都是重复执行的结构，即程序的循环结构。

图 3-15

在第一个代码块中，有一个凹槽和一个凸起，这个凹槽就是程序的入口，凸起就是程序的出口。当我们将两个代码块拉动到一起时，两段代码块中的凹槽和凸起会紧密地连接在一起,形成一段我们设计的算法模块。

下面我们来思考一个问题:每一个代码块都有出口吗?

当然不是。第二个代码块就是在控制里的"重复执行"的代码块,它就只有入口没有出口。它的出口部分有一个向上的箭头,这个代码表示程序执行到出口的位置后将从头再次执行循环里的代码,永远不会退出这段代码,这就是我们通常说的"死循环"。这是一个特殊的代码块,我们以后会经常使用到。

第一个有限次重复执行循环结构里的"10"这个数字是可以更改的,我们可以通过这个数值设置循环的次数。需要注意的是,在这个积木的下方是可以再编写其他代码的。当程序跳出这个循环后,就会执行跟在它后面的代码。

第二个是永远不停地执行循环里的代码。这段代码到这里就结束了,下面没法再编写其他积木。

第三个循环可以设置退出重复执行的条件,下面可以再编写其他代码。比如图3-16中的这段程序执行后,角色会从位置(0,0)向舞台右边缘移动,直到碰到舞台右边缘。然后角色会向舞台左边缘移动,直到碰到舞台左边缘。

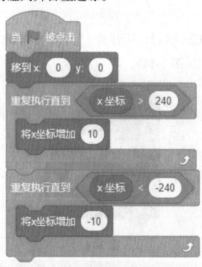

图 3-16

最后,我们举一个在 Kitten 中利用循环和条件判断制作的小鱼在水中游泳的程序(图3-17)。

图 3-17

程序的设计思路如下。

第一步：产生 X、Y 两个随机数，这两个数是小鱼在舞台上即将出现的位置。

第二步：比较新的位置 X 和当前的 X 坐标，如果新位置 X 位于小鱼的右边，则小鱼面向右边；如果新位置 X 位于小鱼的左边，则小鱼面向左边。

第三步：小鱼在一定时间内游到新的位置。

完整的程序如图 3-18 所示。

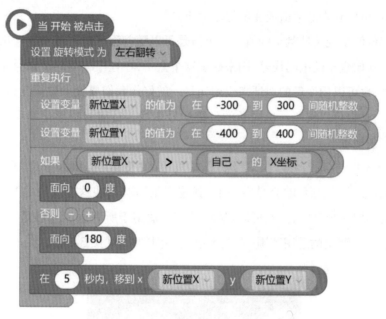

图 3-18

第二章
数据和数据的存储

一、变量

变量就像是一个用来装东西的盒子，我们可以把要存储的东西放在这个盒子里面，再给这个盒子起一个名字。当我们需要用到盒子里的东西的时候，只要说出这个盒子的名字，就可以找到其中的东西了。我们还可以把盒子里的东西取出来，把其他的东西放进去。

假如我们现在有一个盒子，将这个盒子（变量）命名为 a，在其中放入数字"1"。那么，以后就可以用 a 来引用这个变量，它的值就是"1"。当我们把"1"从盒子中取出，放入另一个数字"3"的时候，如果此后再引用变量 a，它的值就变成"3"了。

因为我们的程序不可能将所有数据都设计好,与用户没有任何互动,这程序也就没有什么意义,那么所有用户输入的值或者做的操作都需要储存起来,再在后续的程序运行中进行处理,这就是变量存在的意义。

变量里有什么呢? 有变量名、变量类型、变量存储值和变量地址。

变量名,顾名思义就是所定义的变量人为其赋予的名字,让它方便被我们取出。

变量类型其实是这个变量的数据类型,是数字,也是字符,如果是数字就可以进行加、减、乘、除运算,可以和别的数值或变量比较大小。

变量储存值就是变量被赋予的值。这个值是可以随着程序的运行不断变化的。

变量地址就像盒子的编码代号,用来标识这个盒子,在程序编写时可以直接用变量的名字来引用变量,也可以用变量的地址来引用变量。就好像我们要找一位同学,可以根据这位同学的名字来找,也可以按照这位同学的班级学号来找。目前的图形化编程工具中的操作还不会涉及变量地址。

在 Scratch 3.0 中,我们可以在"代码"标签页中的"变量"类积木中,点击"建立一个变量"按钮来创建变量。然后,就会弹出一个"新建变量"窗口,在这个窗口的"新变量名"中,需要给这个变量取一个名字,并且可以选择是让它"适用于所有角色",还是"仅适用于当前的角色",这决定了变量的适用范围(专业术语叫"作用域")(图 3-19)。在本书后续章节会有两种变量的使用举例。

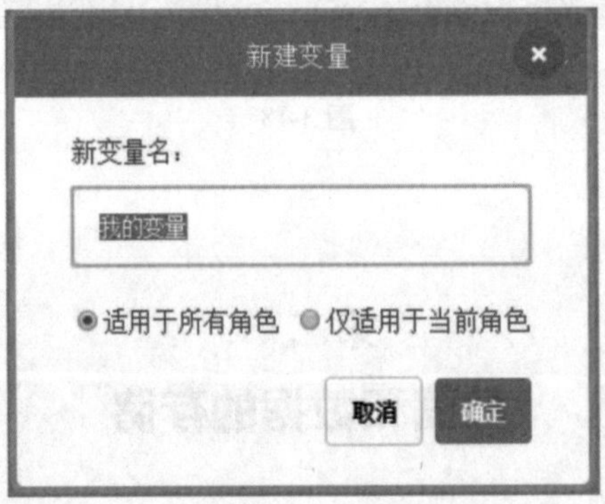

图 3-19

给这个变量命名之后,点击"创建"按钮即可创建该变量。这时在"代码"标签页中,会出现用来控制和使用新建的变量的多个积木。

在用户实际使用变量的时候,尽量让变量名看上去有意义,比如一个叫"分数"的变量,就比一个叫"abc"的变量有意义得多。一看到"分数"这个变量名,就大概知道是和分数相关,大概率是一个数值,而通过"abc"能看出什么信息呢? 小朋友们在开始使用变量的时候,大多喜欢偷懒,就随便取个名字,虽然能用,但这样不太好,而应尽量输入有意义的名字,用拼音也可以。

ℹ 拓展知识

通常我们称"适用于所有角色"的变量为全局变量,所有的角色都可以访问到这个变量;我们称"仅适用于当前的角色"的变量为局部变量,只能在当前这个角色里访问到这个变量。通常在使用克隆功能的时候,为了让每个克隆体有自己的变量,就会使用私有变量。

Scratch 的在线版本中还可以使用云变量的功能,前提是 Scratch 官网的注册用户到 Scratch 级别才行。Scratch 离线版是没有云变量这个功能的。云变量就是将数据存储在服务器上,所有运行这个程序的人都会共享到这个变量,这样就赋予了 Scratch 一部分网络的功能,我们可以用来实现排行榜、聊天室等功能。

同样地,Kitten 也提供了云变量、云列表功能。

Scratch 3.0 已经默认为我们创建了一个名为"我的变量"的变量,我们可以看看这个变量的相关积木(当然你也可以按照前面介绍的步骤单独创建另一个新的变量)。注意第一个积木,如果选中"我的变量"前面的复选框,在舞台区就会显示出该变量的一个监视器。这个复选框可以用来控制变量是显示的还是隐藏的,也就是让变量的监视器是显示在舞台区还是隐藏起来。在创建变量的时候,这个复选框默认是未选中的。你可以尝试选中或取消这个复选框,观察舞台区的变化。

我们也可以在"变量"类积木中借助图 3-20 中的两个积木来实现变量的显示和隐藏。

图 3-20

选中显示变量后,变量的名称及值会显示在舞台的左上方。

变量有 3 种显示方式(图 3-21):正常显示(左图)、大屏幕显示(中间图)和滑竿(右图)。默认是正常显示,双击这个变量可以切换。滑竿模式下,点击右键,可以设置最小值和最大值。

图 3-21

在变量相关的积木中,还有两个积木是对变量赋值。变量只要赋值了,就会一直存在,哪怕是你关掉 Scratch 再进来,依然还是上次的那个值,直到你赋予它一个新的值。所以绝大多数情况都要给变量进行初始化,比如在点击小绿旗之后,让"分数"变量设置为"0",这样每次开始新游戏时,分数才会是"0",不然就会是上次游戏时的分数(图 3-22)。

图 3-22

如果想让变量值减少,在输入数值时可以输入负数。

变量这个概念涉及了数学的代数思维和抽象思维。把一个具体的数字用一个变量去代替它,这个数字就被赋予了可以变化的神通。

ℹ 拓展知识

下面也介绍一下变量和常量的区别。

常量指的是在程序运行期间不变的数据。例如,24 小时、365 天、圆周率 3.14、字符"男"、布尔数值"true/false"。

变量指的是在程序运行的过程中存储可以变化的数据。变量的本质是内存单元,内存单元可以存储数据,也可以将存储的数据读出来。

需要说明的是,不只是可以把数字赋值给变量,也可以是字符或字符串。比如有时我们需要设置一个变量用来记录某件事件是否发生,如果是则设置成 true,否则设置成 false,如图 3-23 所示。

图 3-23

变量用得最多的场景就是用来计算次数或记分。图 3-24 中的程序就是一个在程序中使用变量的例子,每次当前角色碰到另外一个角色"Ball"时,就将变量"触碰到球的次数"增加 1。在程序开始时一般都需要把变量设置为 0(叫变量的初始化)。

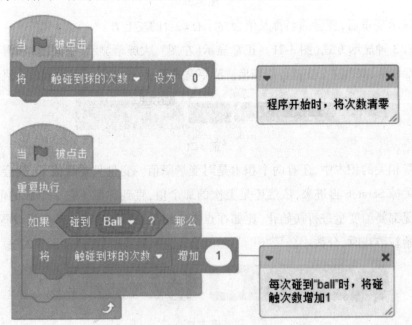

图 3-24

二、列表

列表的概念和变量有点类似，也是用来存储数据的，只是它存储的是一组数据，称为数组。比如想把每个同学的名字都存储起来，只靠一个变量是不够的，这时就需要列表了。

列表是具有同一个名字的一组变量。如果把变量当作可以装东西的盒子，那么可以把列表当作有一排抽屉的柜子，柜子的每一个抽屉都相当于一个变量（图 3-25）。

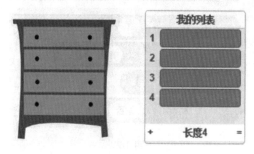

图 3-25

创建列表的步骤和创建变量相似。在"代码"标签页中的"变量"类积木中，点击"建立一个列表"按钮，将会弹出"新建列表"窗口。同样的，在"新建列表"窗口给列表取一个名字，并且选择它的适用范围。这里，我们还是输入"我的列表"作为列表名，然后点击"确定"按钮（图 3-26）。

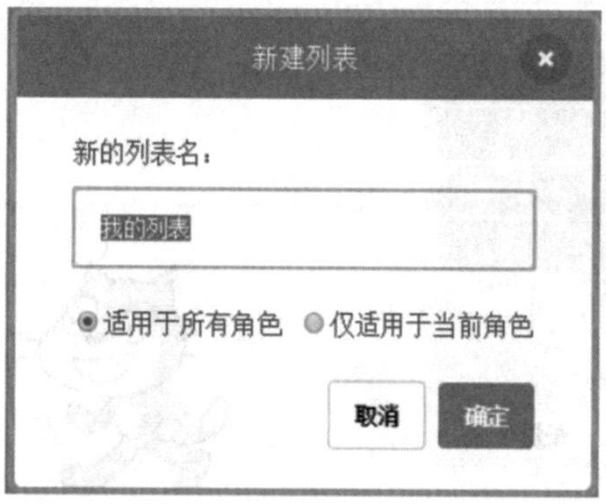

图 3-26

这时在"代码"标签页的积木区域会出现和"我的列表"对应的 12 个新增的积木块，通过它们可以对该列表进行一系列的操作和编程，包括"显示列表监视器""向列表中添加""删除列表项""替换列表项""获取列表的项及其编号"等（图 3-27）。

图 3-27

需要注意的是,列表的数据存储顺序是先后顺序,即先存储进的数据会排在列表里面靠前的位置,后存储进去的数据则排在靠后的位置。

如果选中"我的列表"前面的复选框,将会在舞台区显示出该列表的一个监视器。图 3-28 左边是我们创建的名为"我的列表"的列表。列表的监视器很像一个带有很多抽屉的柜子,左边的数字就是列表里每个项的编号 1,2,3,…。列表监视器下方显示了当前列表的"长度"。

图 3-28

点击前面的加号(+)按钮,就可以给这个柜子添加"抽屉"(也就是列表项)。

点击装列表项的框,右边就会有一个小小的"×"按钮,点击它就可以删除列表项(图 3-29)。

图 3-29

如果删除了某个列表项（如第3项），那么紧贴在它后面的那个列表项（第4项）会替代它的位置（成为新的第3项），而原来的第4项则被第5项代替。依此类推。

如果只是想删除某个项的值，而又不想这个项的位置被别的数据占用，可以通过赋值指令将值设置成NULL（表示空值），这样就不会出现刚才描述的位置被后面的项替代的问题了。

下面我们具体看一下列表的操作。

比如我们已经有了一个列表"班级同学"，包含3个列表项：张三、李四、小明。

现在想往列表里面添加一个新的名字"王五"。

如果想把它添加到整个列表的末尾，那么直接用  就可以了。

如果想把"王五"添加到"小明"之前，则需要用图3-30中的指令。

图3-30

如果想把"小明"替换成"王五"，那么就可以用图3-31中的指令。

图3-31

另外，我们还可以引用列表里的某个项或者某个项的编号。比如图3-32中的程序就是如果列表"班级同学"的第3项是"小明"，那么就执行对应的指令。

图3-32

这里我们想一想，可以往同一个列表里放入不同类型的东西吗？比如在一个列表里放入数值、字符串。

答案是肯定的。但除非特殊情况需要，原则上是不建议的，同一个列表里尽量存放相同类型的数据，方便数据的统一管理。

再想一想，如果想同时处理班级同学的名字、语文成绩、数学成绩等，还可以用列表实现吗？

答案也是肯定的，只是需要建立多个列表，称为多维列表（图3-33）。在列表读写的时候3个列表要同步进行，不然这些数据就没法一一对应了。

图 3-33

和变量的使用类似,图 3-34 中的两个积木用来显示或隐藏列表。

图 3-34

第三章

数学和逻辑运算

本章我们主要学习数字和逻辑运算模块中的各个积木,主要有基本的数学运算符、比较运算符、逻辑运算符、字符串运算符,以及一些特殊的算术运算符。

一、数学运算

1.基本的数学运算

图 3-35 中的积木分别代表加、减、乘、除运算,都是最简单的数学运算符。

图 3-35

而图 3-36 中的积木是在两个数之间取随机数。

图 3-36

需要注意的是,这并不是一个单纯的执行类积木,它本身会产生一个值,这个积木可以作为一个数参与数学运算。由于这个值是不固定的,所以是个变量。

什么是随机数呢?

同学们一定玩过"石头、剪刀、布"的游戏吧,每一次你都不知道对方会出什么。你如果出了"剪刀",一定特别希望对方出"布"吧,但是结果对方出了石头。这种不知道对方可能会出什么的情况我们就叫"随机"。但按照规则,对方一定会出"石头、剪刀、布"中的一种。掷骰子游戏的结果每次也是随机的,随机结果的范围是 1 点到 6 点(图 3-37)。同学们可能已经想到了,抽奖的结果也是随机的,想一想还有哪些事情会产生随机的结果。

图 3-37

随机结果是数字的情况我们就叫随机数。比如纸片上写的是同学们的学号,一共 40 张纸,分别写 1,2,3,…,40,老师抽到哪位同学的学号,哪位同学站起来表演一个节目。这里抽取的结果就是随机数,范围是 1~40。

如果要得到随机的小数怎么办呢? 其实很简单,利用数学运算符做除法运算。

将 1~10 的随机数除以 10,就会得到 0.1~1 的小数了。

随机数的范围也可以是负数,如果我们把范围设置在 -10 到 10,就能得到包含负数的范围了。

2. 比较运算

我们做每一件事其实都是一个决定,对于不同的决定我们会采取不同的行动来实现。图形化编程工具中,我们也可以做各种各样的决定。使用比较运算符就能比较两边或者两个表达式的大小关系,即大于、小于、等于(图 3-38)。此操作符也叫关系操作符,因为它用来测试两个值之间的关系。此类运算符全部是六边形积木,也叫作布尔表达式。

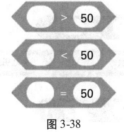

图 3-38

ℹ️ 拓展知识

在图形化编程中,比较运算符也可以用来比较字符或字符串。

(1)比较字符串大小时,会忽略大小写。

(2)空格也是字符串的一部分,因此空格也要参与比较。

(3)比较字符串时,是按照一个一个字母来比较的。

比较规则是按照 ASCII 值进行比较的。数字编码是 48~57,大写字母编码是 65~90,小写字母是 97~122。

下面给出一个"猜数字"的 Kitten 小程序,让大家学习一下数学运算符号的使用方法。

程序的设计思路如下(图 3-39)。

第 1 步:首先产生一个随机数,也就是小鸡心里想的数。

第 2 步:询问小朋友猜的数,并将小朋友猜的数和小鸡心里想的数做比较。

第 3 步:如果猜对了,那么给出提示,结束程序。如果没有猜对,要看数字是偏大了还是偏小了,并给出对应的提示。

第 4 步:程序重复执行 10 次,即给 10 次猜数字的机会。

第 5 步:如果 10 次都没有猜对,给出对应的提示。

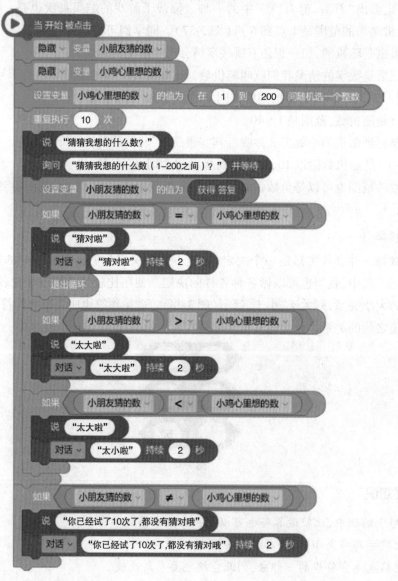

图 3-39

二、逻辑运算

逻辑运算又称布尔运算。布尔(George Boole)用数学方法研究逻辑问题,成功地建立了逻辑演算。他用等式表示判断,把推理看作等式的变换。

逻辑运算的结果只有两个:true(真)和false(假)。

在Scratch中3个逻辑运算符如图3-40所示。

图 3-40

与:当两个布尔表达式都为true时,结果为true,否则为false。

或:只要有一个布尔表达式为true,则结果为true。

非:当布尔表达式结果为false时,则结果为true。

逻辑"与"相当于生活中说的"并且",就是两个条件都同时成立的情况下,逻辑"与"的运算结果才为"真"。如我只有周末并且不下雨的条件下才会出去玩。

逻辑"或"相当于"或者",就是两个条件其中一个成立的情况下,运算结果就是"真"。如我工作日或者周末都可能出去玩。

逻辑"非"相当于"不成立",就是条件不满足的时候,运算结果是"真"。如天气不下雨的时候,我才会出去玩。

ⓘ 拓展知识

了解电子电路的同学可以从电子学角度理解布尔运算。把参与逻辑运算的两个对象理解成两个控制电灯的开关A和B。

"与"运算中两个开关是串联的,如果我们要开灯,需要两个开关都打开,理解为A与B都打开(用1表示打开),则开灯,所以是1&&1 = 1。任意一个开关没打开,灯都不亮,所以其他运算都是0(用0表示关闭),理解成A和B都打开,才会打开灯。

在"或"运算中两个开关是并联的,即一个开关开,则灯开。如果任意一个开关开了,灯都会亮。只有当两个开关都是关的,灯才不开。所以是1||0 = 1或0||1 = 1。理解成A或B,随意打开一个,灯就会亮。

"非"运算即取反运算,!1 = 0,!0 = 1,理解为开关不是打开的就是关闭的,不是关闭的就是打开的。

需要说明的是,Kitten中也提供了类似的运算积木,但是在Kitten中运算结果是"成立"

或"不成立"。具体我们就不再赘述了,可参考 Kitten 运算符相关介绍章节。

三、字符串运算

这类积木主要用来连接字符串,比如一串字符里需要用到某些变量值的时候,或者选择字符串中某一个位置的字,以及检测字符串的长度。

图 3-41 中的前 3 个积木属于变量,值是数值或字符、字符串;最后一个积木是条件判断,判断条件是成立还是不成立。

图 3-41

图 3-42 指令是用来把两个字符串连接起来。

图 3-42

我们还可以把多个字符串连接起来,或者把字符串和变量连接起来,如图 3-43 所示。

图 3-43

四、特殊的算术运算

这类积木主要是处理一些特殊的算术运算符,比如求余数、四舍五入、求绝对值、平方根、各种三角函数等(图 3-44)。只有涉及一些复杂运算的才会用到。

图 3-44

需要注意的是,图 3-44 中的运算符和其他编程环境的差异。比如四舍五入的运算就是把某个数按照四舍五入变成整数。

第四章
函数和自制积木

什么是"函数"呢？

其实编程里面的"函数"指的是一段代码,我们把一段代码定义为"函数",并给它取一个函数名(名字),这样我们就可以很方便地多次使用这段代码。

我们已经学过图 3-45 中的积木,它本身就包含了函数功能。

图 3-45

由于它是变量,本身不能直接当作单独的指令使用,但可以和其他积木配合使用。它的作用就是在两个值之间选择一个随机数,然后返回这个数值。

一、理解函数

举个例子来说,我们实现一个功能用到了 10 块积木,我们继续往下编写程序,发现还要用到前面那个功能(10 块积木),难道我们要把前面写好的代码复制一遍？这样话我们的程序就会变得特别长,执行起来也会比较慢。需要用到 5 次就是 50 块积木,需要用到 10 次就是 100 块积木。

正确的做法是：将这10块积木定义成一个"函数"，将这个功能模块化，当我们需要这个功能的时候，调用这个"函数"就可以了。

ⓘ 拓展知识

模块化程序设计是指在进行程序设计时将一个大程序按照功能划分为若干小程序模块，每个小程序模块完成一个确定的功能，并在这些模块之间建立必要的联系，通过模块的互相协作完成整个功能的程序设计方法。

在设计较复杂的程序时，一般采用自顶向下的方法，将问题划分为几个部分，各个部分再进行细化，直到分解为较好解决的问题为止。模块化设计，简单地说就是程序的编写不是一开始就逐条录入计算机语句和指令，而是首先用主程序、子程序、子过程等框架把软件的主要结构和流程描述出来，并定义和调试好各个框架之间的输入、输出链接关系，逐步求精的结果是得到一系列以功能块为单位的算法描述。以功能块为单位进行程序设计，实现其求解算法的方法称为模块化。模块化的目的是为了降低程序复杂度，使程序设计、调试和维护等操作简单化。

利用函数，不仅可以实现程序的模块化，使得程序设计更加简单和直观，也提高了程序的易读性和可维护性，而且还可以把程序中经常用到的一些计算或操作编写成通用函数，以供随时调用。

二、定义函数和调用函数

我们了解了什么叫作"函数"，那么"函数"是怎么定义的呢？在图形化编程中，是怎么把一堆积木定义成一个"函数"来使用的呢？

在 Scratch 中，首先我们找到代码分类中的"自制积木"，然后点击"制作新的积木"，然后给我们定义的"函数"起一个名字，也就是"函数名"，这样我们的"函数"积木就做好了(图3-46)。

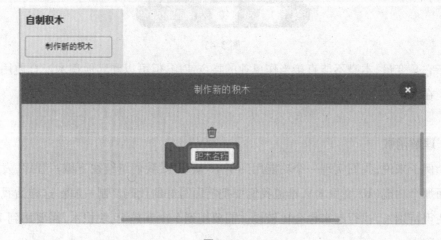

图3-46

我们只要把实现功能的一堆积木放到"函数"积木下面就可以了。

在制作积木时，有一个选项"运行时不刷新屏幕"（图3-47）可以勾选，其实更确切地说，是不刷新舞台。这个功能的作用是使得函数中的代码在执行时省去舞台刷新的步骤，在整个函数执行完毕后再刷新屏幕，将最终的运行效果呈现在用户眼前。由于刷新舞台会消耗计算机资源，需要一定的时间，因此使用"运行时不刷新屏幕"功能可以使特定的代码加快执行效率，缩短运行时间，但是用户无法通过舞台看到程序运行过程中的效果变化。

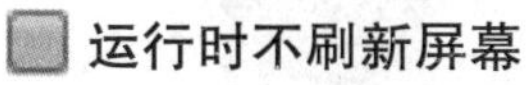

▢ 运行时不刷新屏幕

图3-47

我们知道了如何定义一个函数，那我们怎么调用这个函数重复使用呢？

我们在定义好一个函数后，可以在"自制积木"里找到我们的函数积木。比如我们定义好了一个函数名为"画三角形"的一个积木（图3-48），之后我们和普通积木一样拿出来使用就可以了。

图3-48

自制积木的作用，在于将一个角色当中的通用功能"打包"，之后多次使用，增强积木组的复用性，提升积木组的扩展性。所以在Scratch中，一个函数定义好了之后，只能被当前角色调用，其他角色是无法直接使用的，除非我们把这个函数的定义复制到另外一个角色中。

我们做一个小案例来体会一下使用"函数"的便捷。我们用正方形构成一个"田"字。首先我们定义一个画正方形的函数，然后通过让小猫调转方向画正方形来构成一个"田"字（图3-49）。

点击运行之后，让小猫面向90度方向画一个正方形。

图 3-49

然后面向不同的角度调用这个画正方形的自制积木就可以了，程序编写如图 3-50 所示。

图 3-50

程序执行效果如图 3-51 所示。

图 3-51

通过这个案例，我们发现了定义函数的强大，它能够让我们的程序更清晰，让人很快读懂。

三、函数的参数

我们用四个相同的正方形构成一个"田"字，这些正方形大小相同，假如我想要两个大小不一样的正方形，那应该怎么做呢？定义两个一大一小的"函数"吗？

其实我们不必定义两个"函数"，只需要稍微改变一下画的边长长度就可以了。如果定义两个"函数"，只有这样细微的差别，是不是也是一种代码的重复，让程序看起来更多、更复杂。这里我们就需要用到函数的参数。

函数的参数，就是我们在"定义函数"时，可以预留一个空值，然后在"调用函数"时根据需要填补这个空值。这样这个函数基本的功能是不变的，只是根据我们的需要进行了适当调整。

比如定义一个"画正方形边长为（参数）"的函数，我们在调用这个函数时，给它的参数传递一个 5，就是画一个边长为 5 的正方形，即"画正方形边长为 5"；传递一个 10，就是画一个边长为 10 的正方形，即"画正方形边长为 10"。这样这个函数就能更强大，能够根据我们的需要进行变化。

那么如何给函数添加参数呢？

在"制作新的积木"时，我们可以看到图 3-52 中有 3 个方框，这就是我们给定义的函数添加参数的地方。

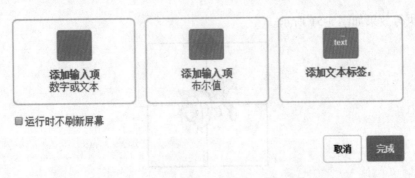

图 3-52

添加输入项数字或文本:指的是可以添加"数据类型"为数字(整数、浮点数)或者是字符串的参数。

添加输入项布尔值:指的是可以添加一个"数据类型"为布尔类型的参数,也就是真(true)或假(false)。

添加文本标签:指的是编写"函数名"中的文字。

参数分为形参和实参。

实参:全称"实际参数",就是我们调用函数时填入的参数。

形参:全称"形式参数",就是我们定义函数时设置的参数,用来接收传递过来的实参。

比如我们给"画正方形"自制积木添加了一个参数 length(表示正方形的边长),其中"length"就是形参(图 3-53)。

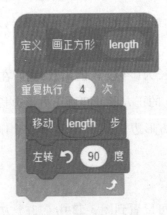

图 3-53

在调用这个自制积木(函数)的时候,数字"100"就是实参。相应的程序可以按图 3-54 编写。

图 3-54

当然，函数的参数可以不止一个，可以是数值，也可以是字符或字符串。

比如图 3-54 中的"画正方形"自制积木，可以通过设置多个参数，来实现画出一个指定边长、粗细、颜色的正方形（图 3-55）。

图 3-55

另外，函数里还可以调用自己或别的函数。

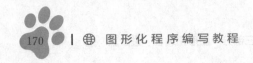

第五章
并 行 执 行

我们先看以下程序。

在动作比较少、对走（跑）动画效果表现要求不高的角色里，图3-56的程序没什么问题。但是对于表达更精巧的动画，这显然是不够的。

图 3-56

将动作（造型）变化和运动（移动）堆放在一起，加上时间间隔，会使得运动特别机械，不自然、不流畅。即使用缩短时间间隔的办法暂时解决了动作不流畅的问题，但是如果再配合声音等效果，还是无法解决多个效果功能实现的问题。这就需要用并行程序（并行代码块）来解决，即拆分造型变化、移动、声音、旋转等代码指令。比如图3-56中的程序，我们可以把它拆分成图3-57中的两个程序。

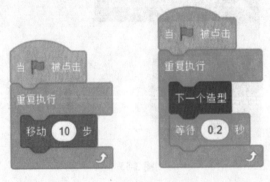

图 3-57

仔细比较程序的运行情况就可以很好地体会并行程序的效果。

并行程序(或者叫作"并行代码块")就是能够同时执行的程序(代码块)。它也可以用在其他触发程序的代码块之下,用以同时启动多段程序指令(作为初学者,应让一段程序脚本尽可能处理少的事情)(图3-58)。

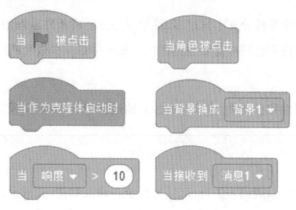

图 3-58

并行程序的使用场合如下。

(1)不同的程序代码有明确的功能划分,每一块实现独立的功能。

(2)脚本里有占用时间的模块需要等待,比如"等待……秒""消息"类等待,等待的时候同时要做别的事情。

第六章
异常处理

虽然图形化编程工具简单易学,很小的孩子就能够操作和使用。但是在实际的程序编写过程中,会遇到各种各样的问题,这与其他的编程工具没有太大的区别。在程序中,隐藏着一些未被发现的缺陷或异常,这些问题在程序编写中一般称为漏洞(bug)。

这就要求我们在编写程序的过程中要想方设法来尽量避免设计上的异常,另外在我们发现程序出现异常的时候,能够快速、准确地找到它们并且修复问题。

一、避免异常

怎么避免程序运行中出现异常呢?

1. 思路清晰

无论使用任何工具,我们在设计代码模块的时候,都应当尽量理清自己的思路,用尽量

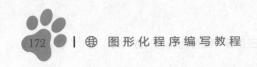

简洁的方式来实现想要的功能,或者使用模块化的方法来进行制作。同时注意记录设计思路,无论是记忆还是绘制程序设计流程图。

2. 模块简洁

一个程序序列当中条件分支不宜过多,尽量通过分析将条件重新组合,以更加简便的方式来进行。同时循环嵌套也同样需要通过优化方案来尽量减少嵌套的数量。

3. 独立的功能

为了实现可重用性和扩展性,建议写成独立的过程(比如自定义模块),定义好相关的参数,由外部程序调用。

4. 善用变量

将常用数据通过变量或列表进行存储,方便统一修改和使用,减少出错的概率。

5. 分段制作

将一个复杂的功能拆分为多个小功能任务,分步骤进行制作,并且对每一次实现的功能进行测试。

6. 及时测试

我们应当尽量在每一次修改或者完成一小部分的制作后及时进行测试和修改,不要将可能存在的错误留到最后才发现,因为这样容易留下各种奇怪的问题,同时难以找出错误的具体原因。

二、异常判断和处理

1. 判断异常

程序出现异常,也就是程序的执行效果和我们的程序设计预期不一样。

如果程序运行出现异常,我们首先需要能够通过简单的判断找到错误类型,即是逻辑错误还是数据运算错误等等,然后针对错误的类型采用不同的异常处理办法。

2. 定位异常

在程序执行过程中遇到错误时有多种定位方法。

(1)逐条调试。

逐条执行指令观察演示效果,没有错误了再执行接下来的指令,避免同时调试几个指令。这是我们开始学习编程时最推荐的方法。

(2)插入等待。

有时我们会用到多个循环,由于循环本身运行得非常快,我们可能需要减缓循环的速度,这时可以通过插入等待类积木使程序慢下来。

(3)变量法。

给指令执行设置一个变量,根据变量的变化来判断该步骤是否被执行,以及被执行了多少次。比如为了判断"右转15度"这条指令是否执行了,如果执行了,执行了多少次,就可以按如图3-59所示进行操作。

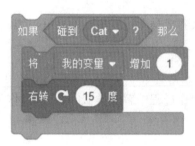

图 3-59

(4)日志打印法。

当我们的程序复杂的时候,我们不知道脚本是否按照我们的预期走到我们的逻辑分支里。我们可以在每个分支里加一个"说"积木,内容可以写逻辑分支的含义。在脚本运行的时候,我们通过角色说的内容观察脚本是否走到我们预期的分支里面。这在高级语言里叫日志打印,通过打印日志观察程序是否正常运行。如图3-60所示。

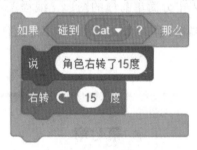

图 3-60

(5)二分法。

当一个脚本由很多积木组成时,我们不知道哪一个积木出问题的时候,可以先将一半积木从脚本中去除,再运行这个脚本,如果没错,继续找下面部分的积木。通过一部分一部分排查的方式,将有问题的积木揪出来。这个方法适合程序很庞大、很复杂的场景,刚开始学习时可能不常用。

(6)放大现象。

有时候出现的错误并不明显,不能准确地了解到出错的原因,那么这时我们就可以想办法通过重复操作或者试着修改程序来放大错误现象,帮助我们找出具体的出错原因和位置。

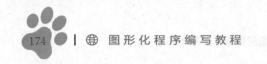

（7）现场模拟。

换个角度来思考问题,如果我们需要设计出现错误的效果,那么会怎样来设计功能和指令,然后根据自己可能采用的方法,去寻找是否有部分指令序列有相似的效果。

3.异常处理

（1）逐步测试。

每次修改程序或者数据后养成马上进行测试的良好习惯,查看错误是否被修正,或现象是否有好转,逐步解决错误。

（2）记录错误。

记录错误便于在后面的制作过程中解决类似问题,以及作为日志记录,便于我们以后的了解。

（3）掩盖错误。

尽管这是一个十分不推荐的方法,但是当我们遇到短时间内用了各种办法而无法解决的问题时,我们可以通过加入更多指令的方法来修正错误的现象,但是不到万不得已不建议使用,因为这可能会留下更大的隐患。

（4）寻求帮助。

寻求老师、同学等其他人的指导与帮助。

尽管我们使用的是看起来十分简单易懂的图形化编程工具,但是稍不注意我们也可能会在自己的作品中留下一些错误,遇到这种情况我们不能放任不管,而是应该坚定目标、持之以恒,尽力消灭每一个错误。

第七章
算　法

百度百科对"算法"的定义为:解题方案的准确而完整的描述,是一系列解决问题的清晰指令,算法代表着用系统的方法描述解决问题的策略机制。也就是说,能够对一定规范的输入在有限时间内获得所要求的输出。如果一个算法有缺陷,或不适合某个问题,执行这个算法将不会解决这个问题。不同的算法可能用不同的时间、空间或效率来完成同样的任务。一个算法的优劣可以用空间复杂度与时间复杂度来衡量。

简单地解释,算法就是解决问题的思路和方法,包括明确目标、提出问题、按照一定顺序寻找解决问题的办法、最终验证程序。

算法具备以下特征。

（1）有穷性：算法必须在有限时间内完成，必须执行有限个步骤终止。

（2）确定性：算法的每个步骤必须明确定义，不允许模棱两可的理解，也不允许有多义性。

（3）有零个或多个输入：所谓输入，是指需要从外界取得必要的信息。一个算法可以有多个输入，也可以没有输入。

（4）有一个或多个输出：算法的目的就是为了求解，"解"就是输出。

（5）有效性：算法的每个步骤都能实现，算法执行的结果能达到预期目的。

下面以几个问题为例子具体了解一下算法。

一、排序问题

排序问题的提出是这样的：现在有一组数列 1 到 10，随机排列（6，5，3，8，9，1，2，10，4，7），怎么才能编写程序将它们按照从小到大的顺序排列呢？

在图形化编程软件 Scratch 和 Kitten 中，这样一组 10 个随机排列的数如果存放在列表（list）中，每一个数称为这个列表的项（item），那么这个列表就有 10 个项，每个列表的项按照顺序依次被称为列表的第 1 项、第 2 项、第 3 项、…、第 10 项，这 10 个项的值是随机排列的。而 1，2，3，…，10 则称为列表的项的序号。

下面我们看一下最常见的冒泡排序的算法思路。

假设列表有 n 个项，冒泡排序的思路如下：

（1）从列表的第一项开始到列表的最后一项为止，对列表中相邻的两个项进行比较。如果位于列表左端的项大于列表右端的项，则交换这两个项在列表中的位置，此时列表最右端的项即为该列表中所有项的最大值。

（2）接着对该列表剩下的 $n-1$ 个项进行第 1 步的排序，直到整个列表有序排列。

至此就完成了列表从小到大的排序。最大数就好像一个个泡泡逐步往右移动，所以叫冒泡排序。

这个算法怎么用图形化编程来实现呢？

第 1 步：我们先新建一个列表"待排序的数"，并输入一些没有规律的数值，比如前面提到的随机排列（6，5，3，8，9，1，2，10，4，7）（图 3-61）。

图3-61

第2步：定义一个积木，实现列表中两个项的交换（图3-62）。

图3-62

第3步：我们定义一个积木，对一组数据进行两两比较（图3-63）。

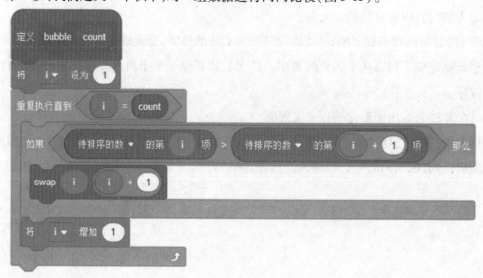

图3-63

第 4 步：主程序要做的就是从列表的最后一项一直到列表的第 1 项，重复做两两比较。因为待排序的列表有 10 个项，所以这里将列表长度设置成了 10（图 3-64）。

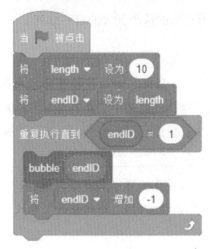

图 3-64

第 5 步：运行程序，可以看到排序结果如图 3-65 所示。

图 3-65

其实除了冒泡排序，还有插入排序等多种排序算法，这里简单介绍一下排序思路。

快速排序是冒泡排序的升级版，排序步骤如下。

（1）在待排序的列表中任取一个项作为基准，称为基准项。

（2）将待排序的项进行分区，比基准项大的放在它的右边，比基准项小的放在它的左边。

（3）对左、右两个分区重复以上步骤，直到列表内所有项都是有序的。

而选择排序的设计思路如下。

（1）先挑选出一个列表中最小的项。

（2）将最小的数与第一个位置的数交换。

（3）在剩下的数组中再寻找最小的数，找到后与第 2 个项交换。

（4）以此类推，最终实现所有项的从小到大的有序排列。

ⓘ 拓展知识

这些不同的排序算法有什么区别呢？如果待排序的数比较少，我们是看不出区别的。但是如果待排序的数足够多，同学们可以试一下分别用不同的算法，因为不同的算法完成排序的时间是不同的。在软件开发领域，一般用时间复杂度来评估一个算法在时间上的优劣势。

另外，不同的算法需要占用的计算机资源也不尽相同，比如设置了多少变量（因为每一个变量都需要占用一定的计算机存储空间）。在软件开发领域，一般用空间复杂度来评估一个算法在资源使用上的优劣势。

因此，评价一个算法的效率主要是看它的时间复杂度和空间复杂度情况。然而，有的时候时间和空间却又是不可兼得的，那么我们就需要从中去取一个平衡点。

二、递归问题

汉诺塔（Tower of Hanoi）问题源于印度一个古老传说的益智玩具。大梵天创造世界的时候做了 3 根金刚石柱子，在一根柱子上，从下往上按照大小顺序摆着 64 片黄金圆盘。大梵天命令婆罗门把圆盘从下面开始按大小顺序重新摆放在另一根柱子上。并且规定，在小圆盘上不能放大圆盘，在 3 根柱子之间一次只能移动 1 个圆盘。

我们把这个问题和规则再简化一下，想象有 A、B、C 3 根相邻的柱子。A 柱上有 n 个大小不等的圆盘，大的在下，小的在上。要求把这些盘子从 A 柱移到 C 柱，中间可以借用 B 柱，但每次只许移动 1 个盘子，并且在移动过程中，3 个柱子上的盘子始终保持大盘在下，小盘在上。

假如只有 1 个盘子（$n=1$），因为 $n-1=0$，所以在有 1 个盘子时，直接把 1 号盘从 A 柱移到 C 柱。只需 1 步（图 3-66）。

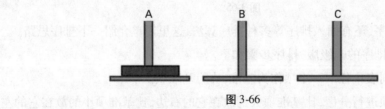

图 3-66

如果有 2 个盘子（$n=2$），可以先把 1 号（$n-1=1$）盘子移到 B 柱，再把 2 号（$n=2$）盘子移到 C 柱，最后把 1 号（$n-1=1$）盘从 B 柱移到 C 柱。共需要 3 步。

如果是 2 个以上的盘子，问题就变得复杂了。

我们以 3 个盘子为例，并分别用不同的颜色表示，1 号盘最小，3 号盘最大。3 个盘子开始都放在 A 柱上。现在要把 3 个盘子都移到 C 柱上，该如何操作？（图 3-67）

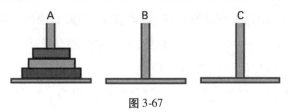

图 3-67

根据汉诺塔游戏规则，移动步骤如下。

（1）先把 1、2 号（$n-1=2$）盘以 C 柱为中转，都移到 B 柱上（图 3-68）。

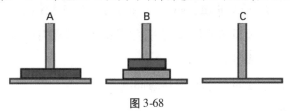

图 3-68

（2）再把 3 号（$n=3$）盘从 A 柱移到 C 柱（图 3-69）。

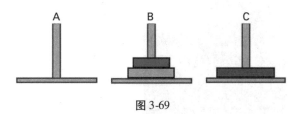

图 3-69

（3）最后把 B 上的 1、2 号（$n-1=2$）盘以 A 为中转，都移到 C 柱上（图 3-70）。

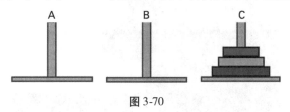

图 3-70

我们先来看第 1 个步骤。由于只移动 1、2 号盘，我们先把 3 号盘用阴影遮住。移动步骤：1 号盘由 A 到 C，2 号盘由 A 到 B，1 号盘由 C 到 B。

接着看第 2 个步骤。这时 1、2 号盘已经在 B 柱上，而 C 柱是空的，只要把 3 号盘直接从 A 柱移到 C 柱就可以了。

最后是第 3 个步骤。这时 3 号盘已经在 C 柱上了，只要移动 1、2 号盘。我们先把 3 号盘用阴影遮住。移动步骤：1 号盘由 B 到 A，2 号盘由 B 到 C，1 号盘由 A 到 C。

到这里用了 7 步，就把 3 个盘子从 A 柱移到 C 柱。

以此类推，如果是 n 个盘子的情况，可以把汉诺塔的移动步骤总结如下。

（1）先把 1 到 $n-1$ 号盘由 C 柱中转，从 A 柱移到 B 柱上。

（2）再把 n 号盘从 A 柱移到 C 柱。

（3）最后把 1 到 $n-1$ 号盘由 A 柱中转，从 B 柱移到 C 柱。

从步骤描述可以看出，这里面反复出现"移动盘子"的嵌套操作。接下来问题来了，怎么用 Scratch 编写一个汉诺塔程序，根据盘子数量，给出将全部盘子从 A 柱移到 C 柱的步骤呢？

在编写程序时，我们使用递归算法。所谓递归，就是程序调用自身的编程技巧。在 Scratch 中使用递归，我们可以在一个模块中调用该模块自身。比如在解决汉诺塔问题时，"移动盘子"就可以采用递归结构的程序实现。

下面我们开始编程解决汉诺塔问题。

我们先创建 3 个列表（listA、listB、listC），分别用来代表 3 根柱子。

程序开始时，先询问需要设置几层汉诺塔，如果输入一个数字 n，那么程序将生成 1 到 n 共 n 个数字，并依次存入列表 listA。

接下来我们调用函数 hanoi 来解决汉诺塔问题。

主程序如图 3-71 所示。

图 3-71

hanoi 自定义模块的参数有 4 个：n、start、via、target，分别表示盘子数量、初始柱位置、途径柱位置、目标柱位置（图 3-72）。

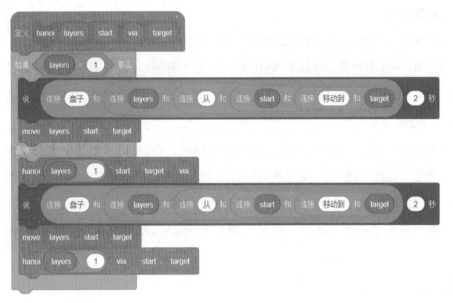

图 3-72

其中 move 自定义模块的作用是将盘子的移动用列表中项的移动来体现出来，move 模块的参数有 3 个：layers、start、target，分别表示盘子数量、初始柱位置、目标柱位置（图 3-73）。

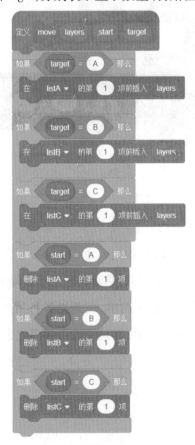

图 3-73

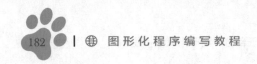

三、数学问题

我们再来看一下怎么编写程序来解决数学问题。

某市的 IC 卡电话计费标准如下:首次为 0.5 元/3 分钟(不足 3 分钟按 3 分钟计费),之后是 0.2 元/1 分钟,不足一分钟按一分钟来算。如一个人打了 6 分 30 秒,那计费是按照 7 分钟来算,花费为 1.3 元。

现在如何编写程序? 如果已知某人打一次电话的花费,可以求出这个人打了多长时间的电话。这个问题的思路如下:首先我们要看这个人的花费是不是超过 0.5 元,如果没有超过,根据计费标准,可以得出他打电话的时间不足 3 分钟。

如果超过 0.5 元了,那么他除了需要花费 0.5 元之外,超出的部分按照 0.2 元/分钟计算,这个程序应该按图 3-74 编写。

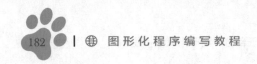

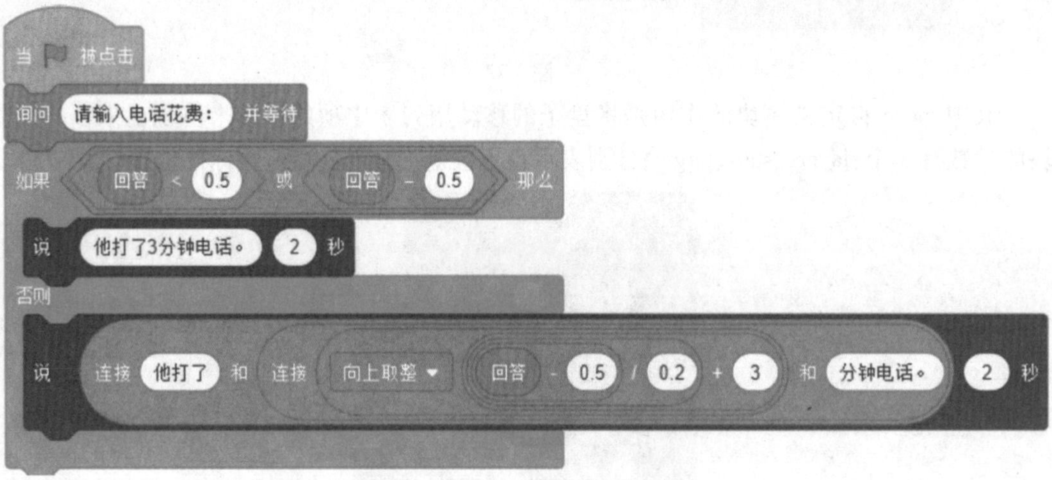

图 3-74

四、逻辑问题

甲、乙、丙、丁中有人打碎了玻璃,甲说是乙干的,乙说是丁干的,丙说他没干,丁也说他没干。已知他们 4 人中有 3 个人说了假话,判断到底是谁打碎了玻璃。

计算机处理类似逻辑问题的方法很简单,就是把各种情况都列出来,然后逐一进行计算。因为有 4 个人,也就有 4 种情况,即可能是甲或乙或丙或丁打碎了玻璃(图 3-75)。

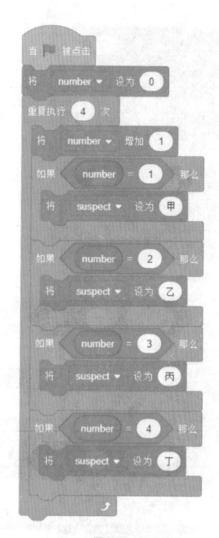

图 3-75

接下来我们编写一个程序，让计算机把这 4 种情况都计算一下。

我们先对 4 个人说的话进行分析。每个人说的话要么是真话，要么是谎话，因此我们可以把每个人说的话的真或假的判断结果分别用数字"1"和"0"表示，即如果这个人说的话是真的，那么结果就取"1"，否则就取"0"。因为只有 1 个人说了实话，因此 4 个人说的话的数字表示只可能有 1 个"1"，其他都是"0"（图 3-76）。

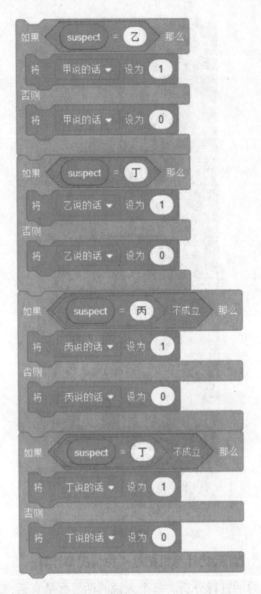

图 3-76

最后我们对每一种情况下 4 个人说的话进行运算。如果某种情况下运算结果是 1,那么这种情况就是我们想要得到的结果(图 3-77)。

图 3-77

第四部分

综合编程实例

我们通过几个典型的综合实例来回顾一下学习过的知识点。

第一个例子用来演示综合运用循环结构、造型变化、位置变化等制作背景移动动画特效。

第二个例子用来演示综合运用条件判断、颜色侦测、碰触侦测、广播消息等编写键盘控制类多角色互动游戏。

第三个例子用来演示综合运用造型变化、逻辑判断、颜色侦测、广播消息等编写键盘控制类多角色互动游戏。

第四个例子用来演示综合运用造型变化、逻辑判断、碰触侦测、位置移动、大小变化等编写鼠标控制类互动游戏。

第五个例子用来演示综合运用复杂嵌套结构、数字运算、逻辑运算、字符串运算、计时器等编写数理运算类程序。

第六个例子用来演示综合运用自制积木、画笔、变量、列表等知识编写应用演示类程序。

第七个例子用来演示综合运用变量、条件判断、逻辑运算、广播、造型变化、克隆、动画特效等知识编写应用演示类程序，这个程序相对比较复杂。

第一章
小猫飞起来（Flying Cat）

一、编程目标

（1）程序开始时小猫"Cat Flying"在空中说"Let's fly"2 秒钟。

（2）当移动鼠标时，小猫在空中跟随移动。

（3）小猫在飞行中有造型变化。

（4）不同样式的楼房"buildings"从舞台"Blue Sky 2"右边向左边移动。

（5）不同样式的云朵"Clouds"从舞台右边向左边移动。

效果如图 4-1 所示。

图 4-1

二、程序设计和实现

角色"Cat Flying"程序设计和实现如下。

(1)如果想让小猫在空中跟随鼠标移动,需要让角色一直跟随鼠标指针。

(2)小猫有造型变化,需要不断改变造型。

程序如图4-2至图4-4所示。

图4-2　　　　　　　　图4-3　　　　　　　　图4-4

角色"Buildings"程序设计和实现如下。

(1)从舞台右边向左边移动,可以通过改变x坐标实现,为了让角色不断移动,需要用有限循环结构,角色到达舞台左边时要重新回到舞台右边。

(2)为了呈现不同建筑移动的效果,每次角色从舞台右边出发时都改变一次造型。

程序如图4-5所示。

图4-5

角色"Clouds"程序设计和实现如下。

(1)云朵从舞台右边向左边移动,设计思路同"Buildings"。

(2)云朵不断改变形状,设计思路同"Buildings"。

(3)云朵高度随机变化,使用"移动随机位置"积木。

程序如图4-6所示。

图4-6

类似地,我们还可以编写电影字幕滚动、背景连续切换的动画。

第二章
迷宫(Maze)

一、编程目标

程序有三个角色"Cat""Maze""goal"。

(1)程序开始时角色"Cat"出现在迷宫入口。

(2)用键盘的上、下、左、右方向键可以控制小猫的移动。

(3)小猫不能穿越墙壁。

(4)小猫"Cat"如果碰到目标"goal",说"I win!",然后进入下一个迷宫。

效果如图4-7所示。

图 4-7

二、程序设计和实现

角色"Cat"程序设计和实现如下。

对于角色"Cat",我们通过键盘上的上、下、左、右键来控制它的移动。如果它侦测到按下了向左的方向键,则面向舞台左边,向左边移动 4 步。如果侦测到按下了向右的方向键,则面向舞台右方,向右边移动 4 步。如果碰到了迷宫墙壁,那么要停止。

向左和向右方向键被按下时角色的执行程序如图 4-8 所示。

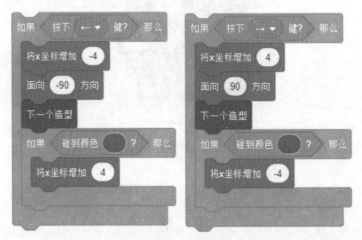

图 4-8

同理,我们也可以定义向上方向键、向下方向键被按下时的执行程序,如图 4-9 所示。

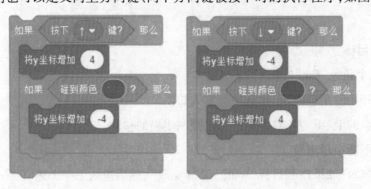

图 4-9

另外当它达到目标时,需要切换到下一个迷宫,同时小猫回到迷宫入口的位置,程序如图 4-10 所示。

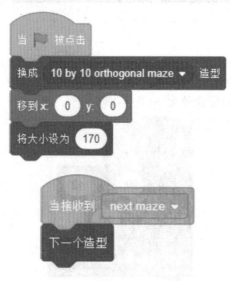

图 4-10

角色"Maze"程序设计和实现如下。

对于迷宫,我们没有把它设置成背景,而是把它设置成了角色,并赋予不同的造型。每个造型都对应一个迷宫地图,只是难度不一样。如果完成第一关迷宫闯关,才进入下一个迷宫。程序代码如图 4-11 所示。

图 4-11

我们还可以在迷宫里面放一些宝藏,设置一个变量用来计算在行走迷宫时获得的宝藏数量。也可以限定时间,如果在规定时间内没有走完迷宫,那么闯关失败。另外我们编写程序让角色自己走迷宫。

第三章
打棒球（Baseball）

一、编程目标

（1）程序开始时，角色"Batter"位于草坪远处的发球点。她会每隔1秒发球一次。

（2）球从远处到近处在屏幕上会显示逐渐变大的效果。

（3）按左右键可以控制接球手左右移动。按空格键可以让接球手接球。

（4）如果球碰到了接球手的接球手套，那么代表接球成功，并将得分增加1。

效果如图4-12所示。

图4-12

二、程序设计和实现

（1）导入发球手角色"Batter"、球"Ball"及接球手角色"Outfielder"。

（2）设置角色"Batter"的位置及大小（图4-13）。

图4-13

（3）当收到发球信号时，开始发球，这里通过造型的变化来实现发球手动作的动画效果（图4-14）。

（4）对于角色"Ball"，首先定义一个变量"score"用来记录分数（图4-15）。

图 4-14

图 4-15

然后就是编写它从远到近运动的动画效果，如果碰到接球手的手套（这里由于接球手手套不是单独的角色，所以用颜色侦测积木），那么接球有效（图 4-16）。

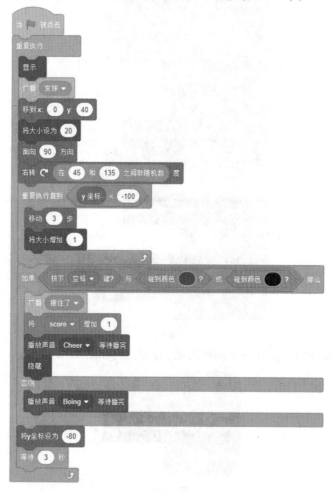

图 4-16

（5）接下来就是接球手的控制程序，包含向左移动、向右移动、接球（图4-17）。

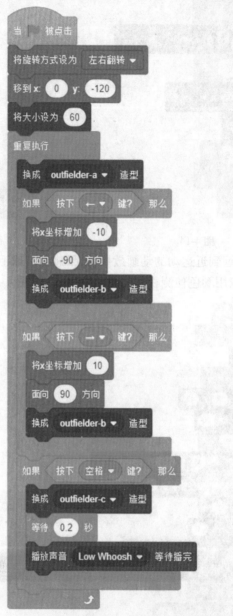

图 4-17

当接球手接住球以后，会有一个动画效果，对应代码如图4-18所示。

图 4-18

第四章
削水果（Fruit Slicer）

一、编程目标

（1）程序开始时，角色"Apple"和"Bananas"从屏幕上方出现，然后开始下落，到达屏幕下方（地面）时消失。

（2）角色"Slicer"可以用鼠标控制，跟随鼠标移动。鼠标键被按下时，角色呈现一次挥刀的动作。

（3）角色"Slicer"如果碰到水果，且鼠标被按下，角色"Slicer"呈现一个挥刀的动作，发出挥刀的声音，角色"Apple"和"Bananas"被削为两半后散开。

效果如图4-19所示。

图4-19

二、程序设计和实现

角色"Slicer"程序设计和实现如下。

（1）角色"Slicer"并不是系统自带的角色，需要从电脑中上传或者自己绘制。这里我们绘制了一个简单的"Slicer"，并给它设计了图4-20中的两个造型。

图4-20

（2）为了让角色跟随鼠标移动,可以使用"移到鼠标指针"积木(图4-21)。

图 4-21

（3）当鼠标被点击时,因为角色是跟随鼠标的,相当于当角色被点击时,刀做一个挥舞的动作,其实就是一个动画效果,程序如图4-22所示。

图 4-22

（4）如果"Slicer"碰到"Apple"或者"Bananas",且这个时候我们挥刀(按下鼠标键)了,需要发出一个挥刀的声音,代码实现如图4-23所示。

图 4-23

角色"Apple"程序设计和实现如下。

（1）角色"Apple"可以从系统导入，但我们需要给它准备一个新的造型，如下图 4-24 所示。

图 4-24

（2）程序开始时，苹果在舞台上方出现，且开始往下落，代码实现如图 4-25 所示。

图 4-25

（3）如果"Apple"碰到"Slicer"，它要被切成两半，呈现散开的效果。怎么呈现散开的效果呢？我们这里简单处理了一下，用一个有限循环让角色不停放大然后消失，最后让角色恢复到初始大小、初始造型（图 4-26）。

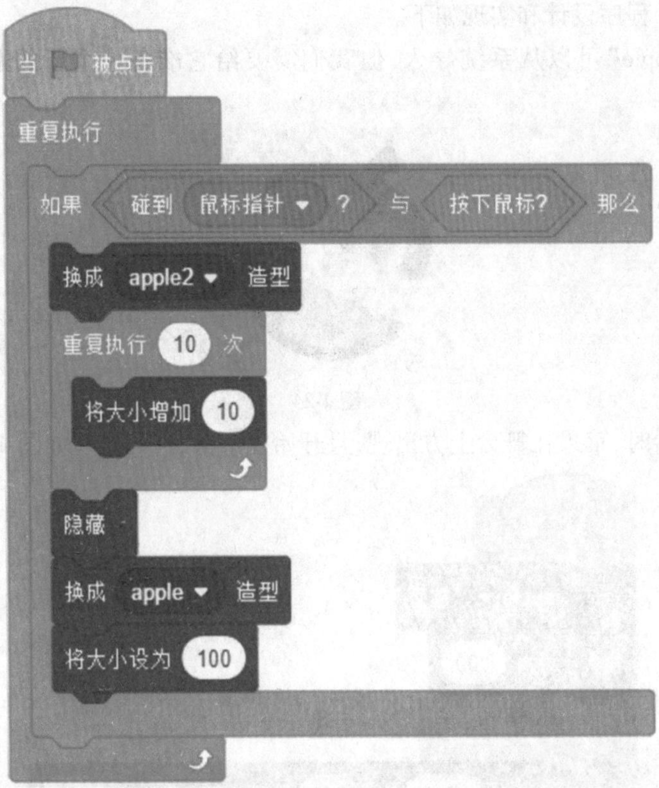

图 4-26

角色"Bananas"的代码和"Apple"一样,在些不再叙述。

我们可以优化程序的细节,让程序看起来更加逼真,比如可以从网络中找到真实的水果和刀具照片,对水果的细节做进一步的美术处理,给程序添加上更加绚烂的背景。

第五章
限时抢答(Rush to Answer)

一、编程目标

(1)程序开始时,会随机选择两个 0～50 的数字,然后询问等待输入。

(2)如果在规定时间内(这里是 10 秒)回答正确,提示"答对了"。

(3)如果回答正确,但超时了,则提示"你超时了"。

(4)如果回答错误,则提示"答错了"。

二、程序设计和实现

（1）两个数随机产生，我们采用取随机数的积木指令，产生两个 0 ~ 50 的数，并存入变量。

（2）"询问并等待"提示输入计算结果，然后将回答和答案进行比较。

（3）剩下的就是条件判断和分支执行了，如果 10 秒钟内给出回答且回答正确，则提示 "答对了"，否则提示"答错了"。如果 10 秒钟内没有给出回答，则提示"你超时了！"

这个程序主要让同学们深入理解数字运算、逻辑运算、字符串运算。

程序如图 4-27 所示。

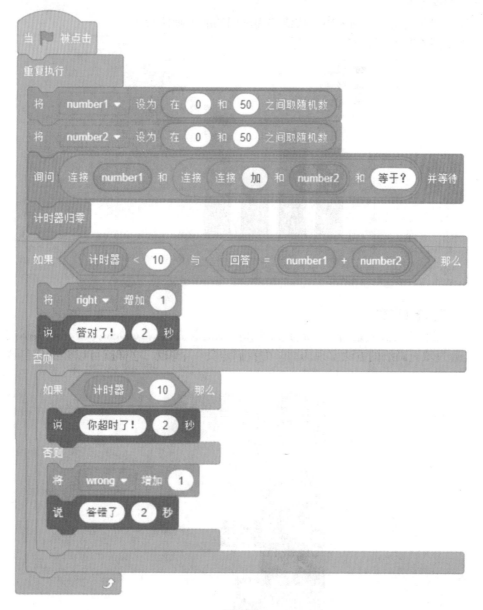

图 4-27

第六章
画柱状图（Draw Column）

一、编程目标

程序开始时自动读取列表中的数值并用不同的颜色画柱状图。

效果如图4-28所示。

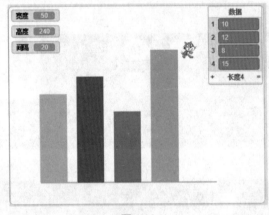

图4-28

二、程序设计和实现

（1）画柱状图其实就是画一个指定宽度和高度的长方形。Scratch并没有提供画矩形的工具，是通过填充画线的方法实现的。首先我们定义一个积木，这样就可以多次反复调用它（图4-29）。

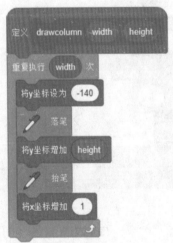

图4-29

（2）因为有 4 个数据,需要画 4 个数据柱,所以我们需要用有限循环结构,并且在两个数据柱之间留一定的间隔(图 4-30)。

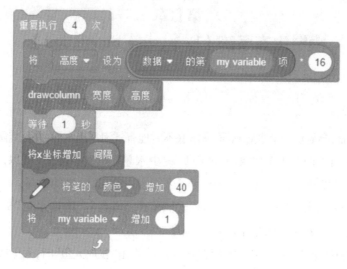

图 4-30

（3）整个程序用到 3 个变量:一个用来指示不同的数据,一个用来设置柱子之间的间隔,一个用来设置画线的宽度。所以初始化部分(程序开始的时候需要先做准备工作,比如设置变量、设置位置、设置颜色,一般位于程序的开始,称为初始化设置)的程序如图 4-31 所示。

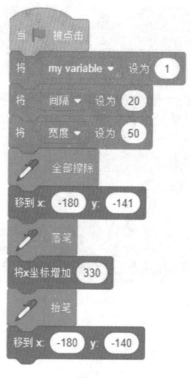

图 4-31

第七章
模拟生态系统（Ecosystem Simulation）

一、编程目标

（1）程序开始时会显示一个水底画面，从水底不时地有气泡浮出水面，并且伴随有气泡的声音。

（2）程序提供了"增加水草""增加水量""减少水量"等3个按钮，可以用来改变水体环境，同时也提供了"投放小鱼""投放大鱼"两个按钮用来控制生物的数量。

（3）当点击"增加水草"时，水草从水面上方落下。当点击"增加水量"时，水量上升一定高度；当点击"减少水量"时，水量下降一定幅度。

（4）当点击"投放小鱼"时，小鱼从水面上方落下；当点击"投放大鱼"时，大鱼从水面上方落下。

（5）程序设定好了这个水体生态系统最大容纳的鱼的数量，当投放的鱼的数量（投放1条大鱼相当于投放2条小鱼）超过最大容纳的鱼的数量时，鱼儿会浮出水面。

（6）这个生态系统中鱼的最大容纳数量与水的深度、水草数、水量有关。

效果如图4-32所示。

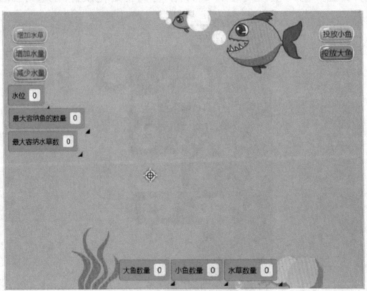

图4-32

二、程序设计和实现

1. 背景程序

首先，编写背景图片程序。图4-33放入了整个程序通用的一些参数的初始化设置。

图4-33

其次,程序对整个生态系统的平衡关系做了约定,即水量、水草数量和能容纳的最大的鱼的数量之间的对应关系(图4-34)。

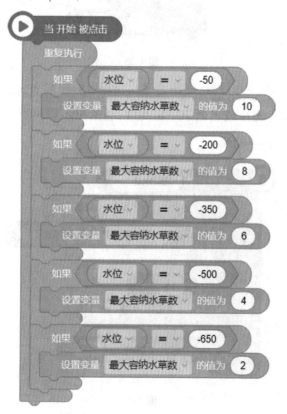

图 4-34

另外,还编写了一段程序用来给整个程序添加一个背景声音(图 4-35)。

图 4-35

2. 角色"水"的程序

对于水体,则用了一个蓝色的矩形来模拟。程序开始时,水体是充满整个舞台的。程序如图 4-36 所示。

图 4-36

当需要增加水量或减少水量时,程序通过改变矩形的位置来模拟水位增加或减少的效果,如果水位超过屏幕上边缘或者低于一定高度,会给出不能再继续增加或减少水量的提示。程序如图 4-37 和图 4-38 所示。

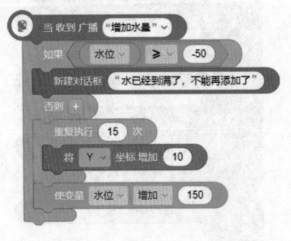

图 4-37

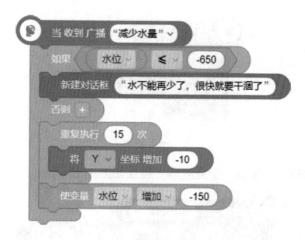

图 4-38

如果整个生态系统遭到破坏,水体的颜色要发生变化。程序如图 4-39 和图 4-40 所示。

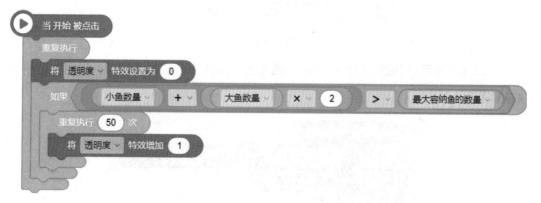

图 4-39

图 4-40

3. 角色"小鱼"的程序

首先,做一个初始化的设置,当程序开始时先隐藏。程序如图 4-41 所示。

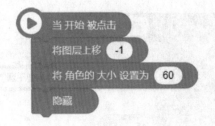

图 4-41

当需要投放小鱼时，就生成一个克隆体。程序如图 4-42 所示。

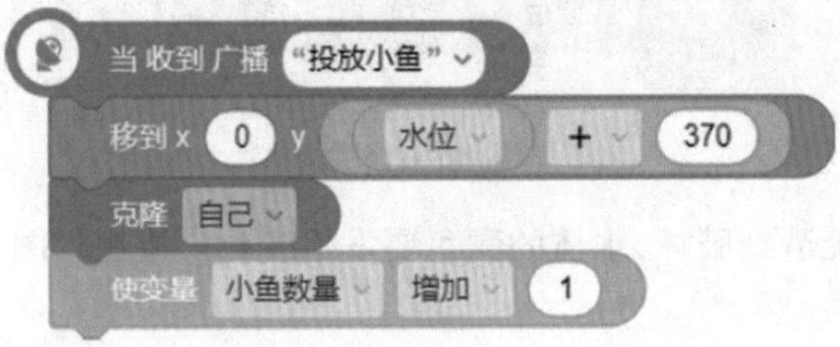

图 4-42

当克隆体生成后，将随机选择一个朝向，否则整个水体的小鱼朝向都是一样的。程序如图 4-43 所示。

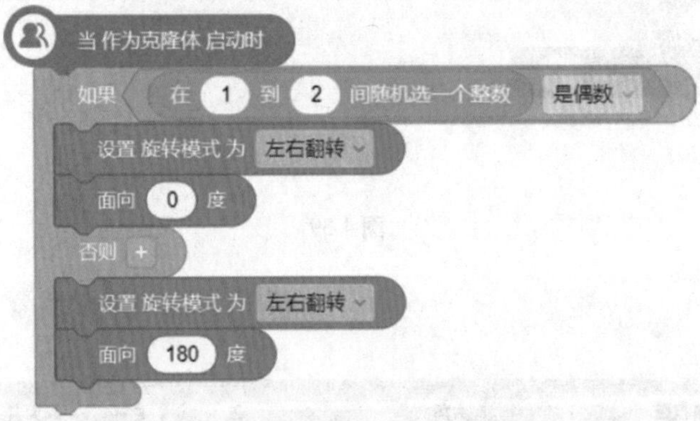

图 4-43

这里其实也可以给小鱼设置多个代表不同种类的鱼的造型，在这里添加代码让小鱼随机选择造型，这样就可以实现投放不同种类的鱼的效果了。

接下来就是让小鱼的造型会随着生态系统环境的变化而变化。如果生态系统遭到破坏，小鱼会浮出水面，并且不再游动，而是嘴里吐出泡泡，程序实现如图 4-44 所示。

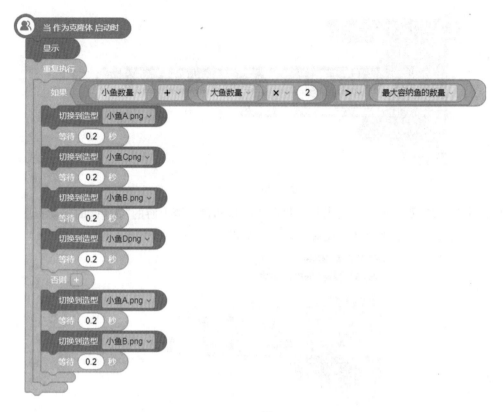

图 4-44

之后是控制小鱼游泳位置的程序,如果水位升高或减少,小鱼可活动的范围也要随着变化。程序如图 4-45 所示。

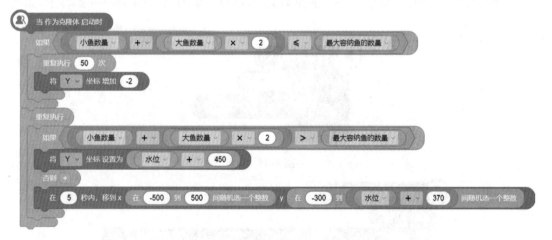

图 4-45

此外,还需要添加一个从生态系统中移除小鱼的程序。为了方便操作,我们不使用按钮,而是通过点击角色"小鱼"实现移除的目的。程序如图 4-46 所示。

图 4-46

既然是生态系统,那么就必然有天敌。最后是小鱼和食物链上游的"大鱼"的互动程序,如果碰到大鱼,那么小鱼就要被大鱼吃掉了。程序如图 4-47 所示。

图 4-47

4. 角色"大鱼"的程序

角色"大鱼"的程序和角色"小鱼"的很类似,这里只分别列出,就不再一一解释了,如图 4-48 至图 4-54 所示。

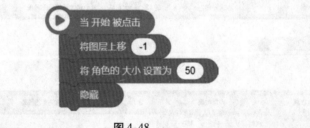

图 4-48

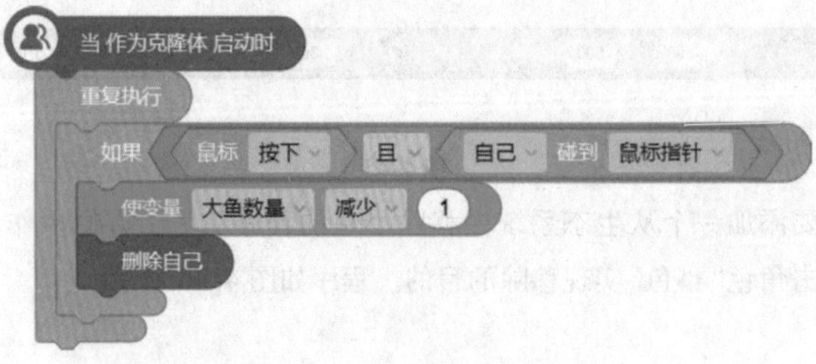

图 4-49

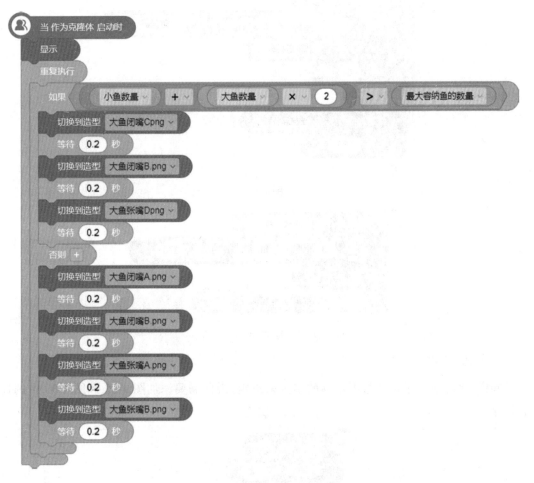

图 4-50

图 4-51

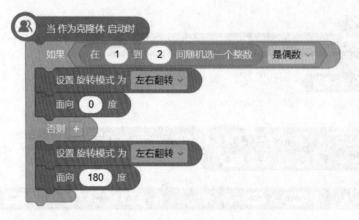

图 4-52

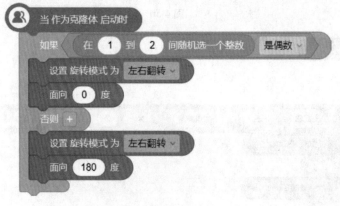

图 4-53

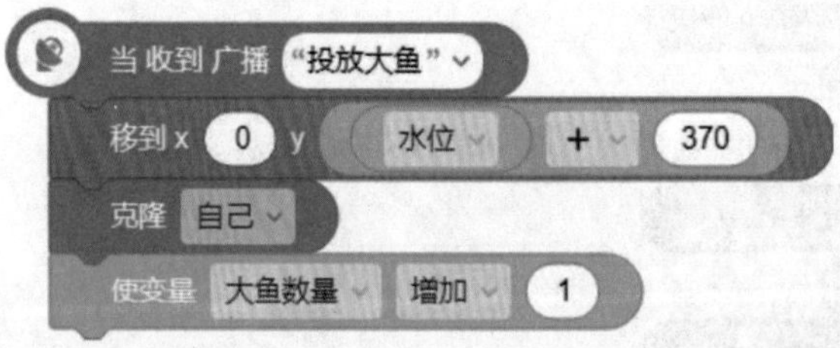

图 4-54

5. 角色"水草"的程序

同样,水草投放量也要根据水体的多少来决定,因此需要添加图 4-55 和图 4-56 中的控制程序。

图 4-55

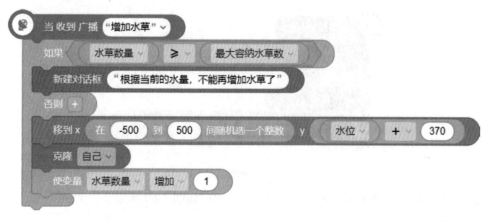

图 4-56

水草投放后需要沉到水底,程序实现如图 4-57 所示。

图 4-57

同样,如果想移除水草,也是通过点击鼠标实现,如图 4-58 所示。

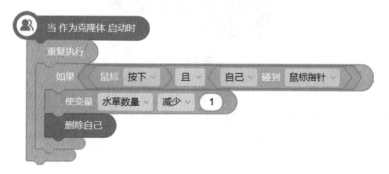

图 4-58

6. 角色"泡泡"的程序

角色"泡泡"是用来衬托整个程序环境的。

通过设置一个随机的时间间隔,让泡泡的产生看起来更加自然,程序如图 4-59 所示。

图 4-59

泡泡产生以后，会逐渐冒出水面并逐渐变大，程序如图 4-60 所示。

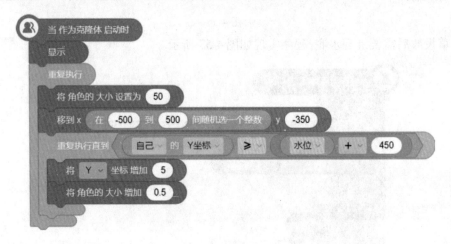

图 4-60

最后再添加一个冒泡泡的声音效果，程序如图 4-61 所示。

图 4-61

7. 按钮角色程序

最后就是几个按钮程序了，非常简单。

"投放小鱼"按钮的程序如图 4-62 所示。

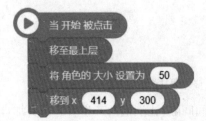

图 4-62

"投放大鱼"按钮的程序如图 4-63 所示。

图 4-63

"增加水草"按钮的程序如图 4-64 所示。

图 4-64

"增加水量"按钮的程序如图 4-65 所示。

图 4-65

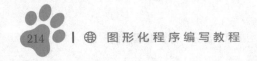

"减少水量"按钮的程序如图 4-66 所示。

图 4-66

虽然这个程序看起来很长、很复杂,但都是由我们本书中已学的基本的积木、功能模块组成的。